21世纪高职高专新概念规划教材

C语言程序设计案例教程

主　编　孙街亭

副主编　李明才　洪　应　袁春雨　李　军

中国水利水电出版社
www.waterpub.com.cn

内 容 提 要

本书力求通俗易懂、重视概念、强化实践、采用案例教学，使读者能从大量的案例讲解中掌握C语言的基础知识，达到循序渐进、逐步深入、反复实践、牢固掌握的目的。

本书内容以ANSI C（美国国家标准C语言部分）为基础。全书共10章，主要内容包括：C语言概论；C语言的数据类型、运算符、表达式和格式化的输入/输出；C语言程序设计初步，包括顺序、选择和循环3种结构；数组；函数；指针；结构体、联合体与枚举；文件；C语言在控制技术中的应用；综合实训。

本书可供高职高专计算机及相关专业师生使用。

本书配有免费电子教案，读者可以从中国水利水电出版社网站以及万水书苑下载，网址为：http://www.waterpub.com.cn/softdown/和 http://www.wsbookshow.com。

图书在版编目（CIP）数据

C语言程序设计案例教程 / 孙街亭主编. -- 北京 : 中国水利水电出版社，2010.1（2015.8 重印）
21世纪高职高专新概念规划教材
ISBN 978-7-5084-7152-5

Ⅰ. ①C… Ⅱ. ①孙… Ⅲ. ①C语言－程序设计－高等学校：技术学校－教材 Ⅳ. ①TP312

中国版本图书馆CIP数据核字(2010)第008108号

策划编辑：雷顺加　　责任编辑：张玉玲　　封面设计：李　佳

书　　名	21世纪高职高专新概念规划教材 C语言程序设计案例教程
作　　者	主　编　孙街亭　　副主编　李明才　洪　应　袁春雨　李　军
出版发行	中国水利水电出版社 （北京市海淀区玉渊潭南路1号D座　100038） 网址：www.waterpub.com.cn E-mail：mchannel@263.net（万水） sales@waterpub.com.cn 电话：（010）68367658（营销中心）、82562819（万水）
经　　售	全国各地新华书店和相关出版物销售网点
排　　版	北京万水电子信息有限公司
印　　刷	北京泽宇印刷有限公司
规　　格	184mm×260mm　16开本　13.25印张　322千字
版　　次	2010年1月第1版　2015年8月第3次印刷
印　　数	7001—10000册
定　　价	23.00元

21 世纪高职高专新概念规划教材
编委会名单

参编学校名单

（按第一个字笔划排序）

万博科技职业学院
三门峡职业技术学院
三联职业技术学院
山东大学
山东交通学院
山东农业大学
山东建工学院
山东省电子工业学校
山东省农业管理干部学院
山东省教育学院
山东商业职业技术学院
山西运城学院
山西经济管理干部学院
广东技术师范学院天河学院
广东金融学院
广东科贸职业学院
广州市职工大学
广州城市职业技术学院
广州铁路职业技术学院
广州康大职业技术学院
中山火炬职业技术学院
中华女子学院山东分院
中国人民解放军军事经济学院
中国人民解放军第二炮兵学院
中国矿业大学
中南大学
中南林业科技大学
中原工学院
内蒙古工业大学职业技术学院
内蒙古民族高等专科学校
内蒙古警察职业学院
天津职业技术师范学院
太原城市职业技术学院
太原理工大学阳泉学院
长沙大学
长沙民政职业技术学院
长沙交通学院
长沙航空职业技术学院
长春汽车工业高等专科学校
兰州资源环境职业技术学院
包头轻工职业技术学院
北华航天工业学院
北京对外经济贸易大学
北京科技大学成人教育学院
北京科技大学职业技术学院
四川托普职业技术学院
宁波城市职业技术学院
石家庄学院
辽宁交通高等专科学校
辽宁经济职业技术学院
华中科技大学
华东交通大学
华北电力大学
安徽水利水电职业技术学院
安徽交通职业技术学院
安徽行政学院
安徽国防科技职业学院
安徽职业技术学院
安徽新闻出版职业技术学院
扬州江海职业技术学院
江汉大学
江西大宇职业技术学院
江西工业职业技术学院
江西服装职业技术学院
江西城市职业学院
江西渝州电子工业学院

江西赣西学院
西北大学软件职业技术学院
西安文理学院
西安外事学院
西安欧亚学院
西安铁路职业技术学院
杨陵职业技术学院
国家林业局管理干部学院
昆明冶金高等专科学校
武汉大学
武汉工业学院
武汉工程大学
武汉工程职业技术学院
武汉广播电视大学
武汉电力职业技术学院
武汉软件职业学院
武汉科技大学工贸学院
武汉科技大学外语外事职业学院
武汉铁路职业技术学院
武汉商业服务学院
河南济源职业技术学院
南昌大学共青学院
南昌工程学院
哈尔滨金融专科学校
济南大学
济南交通高等专科学校
济南铁道职业技术学院
荆门职业技术学院
贵州无线电工业学校
贵州电子信息职业技术学院
重庆工业职业技术学院
重庆正大软件职业技术学院
恩施职业技术学院
浙江工业职业技术学院
浙江水利水电高等专科学校
浙江国际海运职业技术学院
黄冈职业技术学院
黄石理工学院
湖北工业大学
湖北水利水电职业技术学院
湖北长江职业学院
湖北交通职业技术学院
湖北汽车工业学院
湖北经济学院
湖北药检高等专科学校
湖北教育学院
湖北第二师范学院
湖北职业技术学院
湖北鄂州大学
湖南大众传媒职业技术学院
湖南大学
湖南工业职业技术学院
湖南工学院
湖南信息科学职业学院
湖南涉外经济学院
湖南郴州职业技术学院
湖南商学院
湖南税务高等专科学校
黑龙江司法警官职业学院
黑龙江农业工程职业学院
福建水利电力职业技术学院
福建林业职业技术学院
蓝天学院

序

根据 1999 年 8 月教育部高教司制定的《高职高专教育基础课程教学基本要求》（以下简称《基本要求》）和《高职高专教育专业人才培养目标及规格》（以下简称《培养规格》）的精神，由中国水利水电出版社北京万水电子信息有限公司精心策划，聘请我国长期从事高职高专教学、有丰富教学经验的教师执笔，在充分汲取了高职高专和成人高等学校在探索培养技术应用性人才方面取得的成功经验和教学成果的基础上，撰写了此套《21 世纪高职高专新概念规划教材》。

为了编写本套教材，出版社进行了广泛的调研，走访了全国百余所具有代表性的高等专科学校、高等职业技术学院、成人教育高等院校以及本科院校举办的二级职业技术学院，在广泛了解情况、探讨课程设置、研究课程体系的基础上，经过学校申报、征求意见、专家评选等方式，确定了本套书的主编，并成立了编委会。每本书的编委会聘请了多所学校主要学术带头人或主要从事该课程教学的骨干，教学大纲的确定以及教材风格的定位均经过编委会多次认真讨论。

本套《21 世纪高职高专新概念规划教材》有如下特点：

（1）面向 21 世纪人才培养的需求，结合高职高专学生的培养特点，具有鲜明的高职高专特色。本套教材的作者都是长期在第一线从事高职高专教育的骨干教师，对学生的基本情况、特点和认识规律等有深入的了解，在教学实践中积累了丰富的经验。因此可以说，每一本书都是教师们长期教学经验的总结。

（2）以《基本要求》和《培养规格》为编写依据，内容全面，结构合理，文字简练，实用性强。在编写过程中，作者严格依据教育部提出的高职高专教育“以应用为目的，以必需、够用为度”的原则，力求从实际应用的需要（实例）出发，尽量减少枯燥、实用性不强的理论概念，加强了应用性和实际操作性强的内容。

（3）采用“问题（任务）驱动”的编写方式，引入案例教学和启发式教学方法，便于激发学习兴趣。本套书的编写思路与传统教材的编写思路不同：先提出问题，然后介绍解决问题的方法，最后归纳总结出一般规律或概念。我们把这个新的编写原则比喻成“一棵大树、问题驱动”的原则。即：一方面遵守先见（构建）“树”（每本书就是一棵大树），再见（构建）“枝”（书的每一章就是大树的一个分枝），最后见（构建）“叶”（每章中的若干小节及知识点）的编写原则；另一方面采用问题驱动方式，每一章都尽量用实际中的典型实例开头（提出问题、明确目标），然后逐渐展开（分析解决问题），在讲述实例的过程中将本章的知识点融入。这种精选实例，并将知识点融于实例中的编写方式，可读性、可操作性强，非常适合高职高专的学生阅读和使用。本书读者通过学习构建本书中的“树”，由“树”找“枝”，顺“枝”摸“叶”，最后达到构建自己所需要的“树”的目的。

（4）部分教材配有实验指导和实训教程，便于学生练习提高。

（5）部分教材配有动感电子教案。为顺应教育部提出的教材多元化、多媒体化发展的要求，大部分教材都配有电子教案，以满足广大教师进行多媒体教学的需要。电子教案用PowerPoint制作，教师可根据授课情况任意修改。相关教案的具体情况请到中国水利水电出版社网站www.waterpub.com.cn下载。

（6）提供相关教材中所有程序的源代码，方便教师直接切换到系统环境中教学，提高教学效果。

总之，本套教材凝聚了数百名高职高专一线教师多年的教学经验和智慧，内容新颖，结构完整，概念清晰，深入浅出，通俗易懂，可读性、可操作性和实用性强。

本套教材适用于高等职业学校、高等专科学校、成人及本科院校举办的二级职业技术学院和民办高校。

新的世纪吹响了我国高职高专教育蓬勃发展的号角，新世纪对高职教育提出了新的要求，高职教育占据了全面素质教育中所不可缺少的地位，在我国高等教育事业中占有极其重要的位置，在我国社会主义现代化建设事业中发挥着日趋显著的作用，是培养新世纪人才所不可缺少的力量。相信本套《21 世纪高职高专新概念规划教材》的出版能为高职高专的教材建设和教学改革略尽绵薄之力，因为我们提供的不仅是一套教材，更是自始至终的教育支持，无论是学校、机构培训还是个人自学，都会从中得到极大的收获。

当然，本套教材肯定会有不足之处，恳请专家和读者批评指正。

21 世纪高职高专新概念规划教材编委会
2001 年 3 月

前　言

C 语言是近年来在国内外得到广泛应用的一种计算机语言。它是 C++语言、Java 语言等很多计算机语言的基础。C 语言功能丰富、表达简洁、使用方便灵活、应用面广、目标程序效率高、可移植性好，既具有高级语言的优点，又兼顾低级语言的很多功能。因此，使用 C 语言不仅能编写出具有良好程序设计风格的应用程序，还能编写系统软件。现在，在许多高校及中职学校，C 语言课程已不仅成为计算机及其相关专业的必修课，而且在很多非计算机专业也已开设。并且，C 语言还列入了全国计算机等级考试、全国计算机应用技术证书考试（NIT）等的考试范围。

本书力求通俗易懂、重视概念、强化实践、采用案例教学，使读者能从大量的案例讲解中掌握 C 语言的基础知识，达到循序渐进、逐步深入、反复实践、牢固掌握的目的。

本书内容以 ANSI C（美国国家标准 C 语言部分）为基础。全书共分 10 章，第 1 章 C 语言概论；第 2 章介绍 C 语言的数据类型、运算符、表达式和格式化的输入/输出；第 3 章介绍 C 语言程序设计初步，包括顺序、选择和循环 3 种结构；第 4 章介绍数组；第 5 章介绍函数；第 6 章介绍指针；第 7 章介绍结构体、联合体与枚举；第 8 章介绍文件；第 9 章介绍 C 语言在控制技术中的应用；第 10 章为综合实训。

本书在出版之前已经作为安徽职业技术学院“C 语言程序设计”讲义使用，教师和学生对其提出了许多宝贵意见和建议，作者进行了认真修订，以期最大限度地满足高等职业教育教学的需要。

本书例题程序均已通过 Turbo C 2.0 集成开发环境和 Visual C++ 6.0 集成开发环境调试成功。

本书由孙街亭任主编，李明才、洪应、袁春雨、李军任副主编。孙街亭编写了第 4 章和第 5 章，李明才编写第 1～3 章，洪应编写第 9 章，袁春雨编写第 6 和 7 章，李军编写第 8 和 10 章。全书由孙街亭、李明才统稿。

由于时间仓促及作者水平有限，书中疏漏和错误之处在所难免，恳请广大读者批评指正。

编　者

2009 年 12 月

目　录

第 1 章　C 语言概论

知识点 1　C 语言的发展过程

C 语言是国际上广泛流行的计算机高级语言，既可用来编写系统软件，也可用来编写应用软件。C 语言是在 B 语言的基础上发展起来的，但 B 语言过于简单，功能有限。1972 年至 1973 年间，贝尔实验室在 B 语言的基础上设计出了 C 语言。最初的 C 语言只是为了描述和实现 UNIX 操作系统而设计的一种工作语言。后来，C 语言经过多次改进，其功能不断完善，其突出的优点逐渐引起了人们的注意。1977 年出现了不依赖于具体机器的 C 语言编译文本“可移植 C 语言编译程序”，使 C 程序移植到其他机器时所需做的工作大大简化，这也推动了 UNIX 操作系统在各种机器上的迅速实现。随着 UNIX 的日益广泛使用，C 语言也得到迅速推广。C 语言和 UNIX 在发展过程中相辅相成。1978 年以后，C 语言已先后移植到大、中、小、微型机上。1983 年，美国国家标准化协会（ANSI）根据 C 语言问世以来的各种版本对 C 语言进行了扩充和完善，制定了新的标准，称为 ANSI C。ANSI C 比原来的标准 C 有了很大的发展。1987 年，ANSI 又公布了新标准——87 ANSI C。1990 年，国际标准化组织 ISO 接受 87 ANSI C 为 ISO C 的标准（ISO 9899－1990）。目前流行的 C 编译系统都是以它为基础的。在微型机上使用的有 Microsoft C、Turbo C、Quick C、Borland C 等，它们的不同版本又略有差异。因此，读者应了解所用计算机系统配置的 C 编译系统的特点和规定（可以参阅相关手册）。

知识点 2　C 语言的特点

C 语言的主要特点如下：

（1）语言简洁、紧凑，使用方便、灵活。C 语言一共只有 32 个关键字、9 种控制语句，程序书写形式自由，主要用小写字母表示，压缩了一切不必要的成分。

（2）运算符丰富。C 语言中共有 34 种运算符。C 语言把括号、赋值、强制类型转换等都作为运算符处理，从而使 C 的运算类型极其丰富，表达式类型多样化。

（3）数据类型丰富。C 语言的数据类型有整型、实型、字符型、数组类型、指针类型、结构体类型、共用体类型等。

（4）具有结构化的控制语句（如 if…else 语句、while 语句、do…while 语句、switch 语句、for 语句）。用函数作为程序的模块单位，便于实现程序的模块化。C 是良好的结构化语言，符合现代编程风格的要求。

（5）语法限制不太严格，程序设计自由度大。例如对数组下标越界不做检查，由程序编写者自己保证程序的正确性。对变量的类型使用比较灵活，例如整型数据与字符型数据在一定范围内可以通用。

（6）C 语言能进行位（bit）操作，能实现汇编语言的大部分功能，可以直接对硬件进行操作。因此 C 既具有高级语言的功能，又具有低级语言的许多功能，可用来编写系统软件。C 语言的这种双重性，使它既是成功的系统描述语言，又是通用的程序设计语言。有人把 C 语言称为“高级语言中的低级语言”或“中级语言”，意思是兼有高级语言和低级语言的特点。

知识点3　C程序的基本结构

3.1　C语言中的标识符

1．C 语言的字符集

（1）26 个英文字母（包括大小写）：a～z、A～Z。

（2）10 个数字字符：0～9。

（3）27 个特殊字符：+、-、*、/、=、:、;、？、\、~、|、!、#、%、&、()、[]、{}、^、<、>、_（下划线）、␣（空格）、,、.、"、'。

共 89 个字符可以在 C 程序中出现，不可以包含除此之外的其他字符。

2．C 语言中的标识符

标识符是程序设计人员用来命名程序中的一些基本单元或模块的符号。C 语言规定：标识符由字母、数字字符和下划线组成，并以字母或下划线开头。定义标识符时需要符合以下规定：

（1）不能使用系统保留的关键字。

（2）C 语言严格区分大小写，同一个字母的大小写代表不同的标识符。

（3）为提高程序的可读性，标识符名称尽量使用有意义的英文单词，做到“见名知义”。

（4）标识符的长度（字符个数）可以少于等于 8 个字符，有的系统也可以少于等于 32 个字符。

3.2　C 程序的组成

一个 C 程序可以由若干个源程序文件（分别进行编译的文件模块）组成，一个源程序文件可以由若干个函数、编译预处理命令，以及全局变量声明部分组成。

（1）函数是程序设计模块化的体现。函数用来完成某个特定的操作，一个程序可以包含很多函数。这些函数可以是由用户自己设计的，也可以是系统提供的库函数。但程序中一定要有一个并只允许有一个主函数 main()。程序从主函数开始执行，不论 main 函数在整个程序中的位置如何。main 函数可以放在程序最前头，也可以放在程序最后，或者在一些函数之前，在另一些函数之后。其他函数通过主函数或被主函数已经调用的函数调用而间接执行。

（2）一个函数由两部分组成：

1）函数的头部，即函数的第一行。包括函数名、函数类型、函数属性、函数参数（形式参数）名、形式参数类型。一个函数名后面必须跟一对圆括号，函数参数可以没有，如 main()。

2）函数体，即函数头部下面的大括号{……}内的部分。如果一个函数内有多个大括号，则最外层的一对{ }为函数体的范围。函数体一般包括声明部分和执行部分。声明部分主要用于定义所用到的变量，执行部分则由若干个语句组成。

即函数一般形式如下：

```
函数类型  函数名(参数类型 参数1,参数类型 参数2,…)
{
    声明部分
    执行部分
}
```

示例如下：

```
int add(int a,int b)
{
  int c;
  c=a+b;
  …
}
```

（3）C 程序书写格式自由，一行内可以写几个语句，一个语句可以分写在多行上。C 程序没有行号，每个语句和数据定义的最后必须有一个分号。分号是C语句的必要组成部分。

（4）C 语言本身没有输入输出语句。输入和输出的操作是由库函数 scanf 和 printf 等函数来完成的。C 语言对输入输出实行“函数化”。

（5）C 程序中为了说明程序的功能或某部分的含义，可以带注释。注释能帮助读者阅读和理解程序。程序编译时，注释被忽略，它不产生代码行。注释内容写在一对符号“/*”和“*/”之间，这是传统 C 语言中的注释方式，其中的内容可以是一行或几行。自符号“/*”开始到“*/”符号结束，其间的内容都被认为是注释内容。

知识点 4　编译预处理命令

ANSI C 标准规定可以在 C 源程序中加入一些编译预处理命令，以改进程序设计环境，提高编程效率。这些预处理命令是由 ANSI C 统一规定的，但是它不是 C 语言本身的组成部分，不能直接对它们进行编译。必须在对程序进行通常的编译（包括词法和语法分析、代码生成、优化等）之前，先对程序中的这些特殊命令进行“预处理”，即根据预处理命令对程序作相应的处理。经过预处理后程序不再包括预处理命令，最后再由编译程序对预处理后的源程序进行通常的编译处理，得到可供执行的目标代码。C 语言提供的预处理功能主要有以下 3 种：宏定义、文件包含和条件编译。为了与一般 C 语句相区别，这些命令以符号“#”开头。

4.1　宏定义

1．不带参数的宏定义

用一个指定的标识符（即名字）来代表一个字符串，它的一般形式为：

#define　标识符　字符串

例如：

```
#define   PI   3.1415926
```

其作用是指定用标识符 PI 来代替“3.1415926”这个字符串，在编译预处理时，将程序中在该命令以后出现的所有 PI 都用“3.1415926”代替。这种方法使用户能以一个简单的名字代替一个长的字符串，因此把这个标识符（名字）称为“宏名”，在预编译时将宏名替换成字符串的过程称为“宏展开”。

2．带参数的宏定义

不是进行简单的字符串替换，替换时还要进行参数替换。其定义的一般形式为：

#define　宏名(参数表)　字符串

字符串中包含在括号中所指定的参数，如：

```
#define  s(a,b)  a*b
area=s(3,2);
```

替换时，将 3 传给 a，2 传给 b，a*b 的值赋给 area。

4.2　“文件包含”处理

所谓“文件包含”处理是指一个源文件可以将另外一个源文件的全部内容包含进来，即将另外的文件包含到本文件之中。C 语言提供了#include 命令用来实现“文件包含”的操作。其一般形式为：

#include　"文件名"

或

#include　<文件名>

在一个被包含文件中又可以包含另一个被包含文件，即文件包含是可以嵌套的。在#include 命令中，文件名可以用双引号或尖括号括起来，二者的区别是用尖括号形式时，系统到存放 C 库函数头文件的目录中寻找要包含的文件，这称为标准形式；用双引号形式时，系统先在用户当前目录中寻找要包含的文件，若找不到，再按标准形式查找（即再按尖括号的方式查找）。一般来说，如果为调用库函数而用#include 命令来包含相关的头文件，则用尖括号，以节省查找时间；如果要包含的是用户自己编写的文件（这种文件一般都在当前目录中），一般用双引号。

【案例 1-1】求两数之和。

```
/*ex1_1.c    the sum of a+b*/
#include    "stdio.h"
main()
{
    int a,b,sum;
    printf("Enter two int numbers：\n");
    scanf("%d%d",&a,&b);
    sum=a+b;
    printf("sum=%d\n",sum);
}
```

程序的运行的结果如下：

```
Enter two int numbers：
11          22
sum=33
```

本程序的作用是求两个整数 a 和 b 之和 sum。本例中程序开头用了如下注释：

```
/*ex1_1.c    the sum of a+b*/
```

说明程序用来求 a 加 b 的和。本例中有文件包含命令：

```
#include  "stdio.h"
```

其中 stdio.h 是一个头文件，也称标准的输入输出头文件。程序中由于要用到数据输入函数 scanf()和输出函数 printf()，而这两个函数的说明系统已经存放在文件 stdio.h 中，因此要包含该头文件。所谓包含就是把头文件代码引入程序中，由于这个工作是在编译程序前完成的，所以称为编译预处理命令。/*……*/表示注释部分，既可以用汉字表示注释，也可以用英语或汉语拼音作注释。注释只是给人看的，对编译和运行不起作用。注释可以加在程序中的任何位置。在函数体的声明部分，定义变量 a、b 和 sum，指定它们为整型（int）变量。程序中 scanf 函数的作用是输入 a 和 b 的值。“%d”是输入输出的“格式字符串”，用来指定输入输出时的数据类型和格式，输入时“%d”表示“以十进制整数形式输入数据”。&a 和&b 中的“&”的含义是“取地址”，此 scanf 函数的作用是将两个数值分别输入到变量 a 和 b 的地址所标志的单元中，也就是输入给变量 a 和 b。这种形式是与其他语言不同的。接着执行赋值语句，使 sum 的值为 a+b。printf 函数中双引号内的“sum=%d”，在输出时，其中“%d”将由 sum 的值取代，“sum=”原样输出。程序运行时，从键盘输入数据 11、22 分别给 a 和 b，输出变量 sum 之值 33。

知识点 5　C 程序的上机步骤

为了使计算机能按照人们的意志进行工作，必须根据问题的要求编写出相应的程序。所谓程序，就是一组计算机能识别和执行的指令。每一条指令使计算机执行特定的操作。用高级语言编写的程序称为“源程序”。从根本上说，计算机只能识别和执行由 0 和 1 组成的二进制的指令，而不能识别和执行用高级语言编写的指令。为了使计算机能执行高级语言源程序，必须先用一种称为“编译程序”的软件把源程序翻译成二进制形式的“目标程序”，然后将该目标程序与系统的函数库和其他目标程序连接起来，形成可执行的目标程序。例如，上例编辑后得到一个源程序文件 ex1_1.c，然后在进行编译时再将源程序文件 ex1_1.c 输入，经过编译得到目标程序文件 ex1_1.obj，再将目标程序文件 ex1_1.obj 输入内存，与系统提供的库函数等连接，得到可执行的目标程序文件 ex1_1.exe，最后把 ex1_1.exe 调入内存并使之运行。

下面主要就用 Turbo C 运行 C 程序的步骤作一下简单介绍。

Turbo C 是在微机上广泛使用的编译程序，它具有方便、直观、易用的界面和丰富的库函数。它向用户提供一个集成环境，把程序的编辑、编译、连接和运行等操作全部集中在一个界面上进行，使用十分方便。为了能使用 Turbo C，必须先将 Turbo C 编译程序装入磁盘的某一目录，例如放在 C 盘根目录的下一级 TC 子目录下。

（1）调用 Turbo C 程序。如果用户的当前目录是 Turbo C 编译程序所在的子目录（如 TC 子目录），则只需从键盘键入 tc 命令即可：

```
C:\TC>tc
```

屏幕上出现 Turbo C 集成环境，如图 1.1 所示。从图中可以看到，在集成环境的上部有一行“主菜单”，其中包括 8 个菜单项：File、Edit、Run、Compile、Project、Option、Debug、break/watch。

用户可以通过以上菜单项来选择使用 Turbo C 集成环境所提供的各项主要功能。以上 8 个菜单项分别代表：文件操作、编辑、运行、编译、项目文件、选项、调试、中断/观察等功能。用键盘上的“←”和“→”键可以选择菜单栏中所需要的菜单项，被选中的项以“反相”形式显示（例如主菜单中的各项原来以白底黑字显示，被选中时改为以黑底白字显示）。此时若按 Enter 键，就会出现一个下拉菜单。例如在选中 File 菜单并按 Enter 键后，屏幕上 File 下面出现下拉菜单，如图 1.2 所示。它是一个子菜单，提供多项选择。可以用“↓”键选择所需要的项。例如选择 New 并按 Enter 键，表示要建立一个新的 C 源程序。如果选择 Load 并按 Enter 键，则表示要调入一个已有的源文件，此时屏幕上出现一个对话框，如图 1.3 所示，要求你输入一个文件的名字。用户可以输入一个文件名，如 ex1_1.c，如果已存在此文件，则系统会将此文件调入内存并显示在屏幕上。此时自动转为编辑（Edit）状态。如果原来不存在此文件，则系统会建立一个以指定的名字命名的新文件。

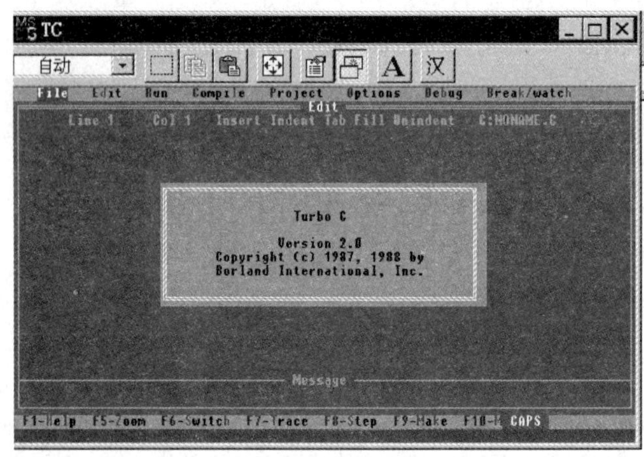

图 1.1 Turbo C 集成开发环境

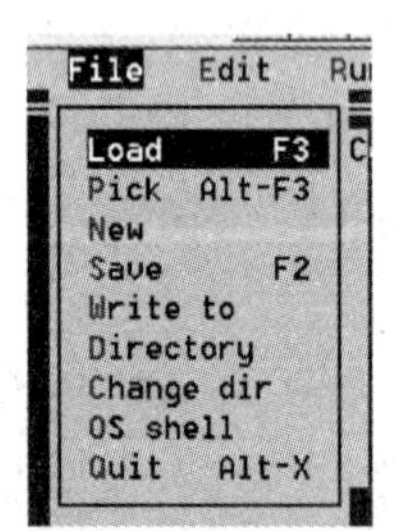

图 1.2 File 下面出现的下拉菜单

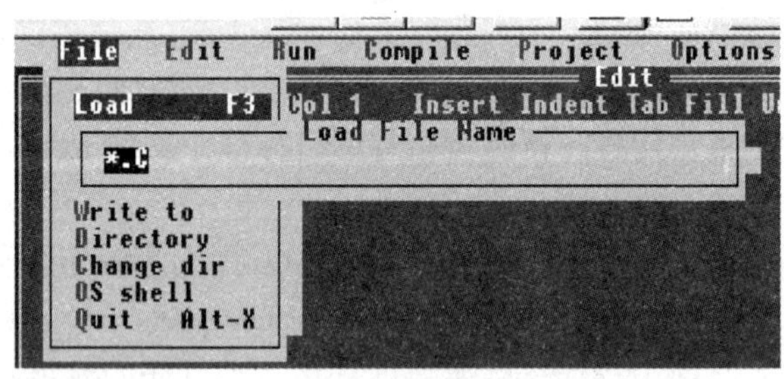

图 1.3 调入源文件

（2）编辑源文件。在编辑（Edit）状态下可以根据需要输入或修改源程序。

（3）编译源程序。选择 Compile→Compile to OBJ 命令，则进行编译，得到一个后缀为.obj 的目标程序。然后再选择 Compile→Link EXE file 命令进行连接操作，可以得到一个后缀为.exe 的可执行文件。也可以将编译和连接合为一个步骤进行。选择 Compile→Make EXE file 命令或按 F9 键，即可一次完成编译和连接，在屏幕上会显示编译或连接时有无错误和有几个错误。此时按任何一个键，“编译信息框”会消失，屏幕上会恢复显示源程序，光标停留在出错之处。在屏幕的下半部分显示出有错误的行和错误的原因。根据此信息修改源程序。修改完毕认为无错后，再按 F9 键再次进行编译和连接，如此反复进行，直到不显示出错为止。

（4）执行程序。按 F10 键，在窗口上部的主菜单中的某一项处出现“反相”显示（黑色亮块）。

用“→”键将亮块移到 Run 上按 Enter 键，在其下拉菜单中选择 Run 项，或者直接按 Ctrl+F9 键，系统就会执行已编译好的目标文件。此时，TC 集成环境窗口消失，屏幕上显示出程序运行时的输出结果。如果程序需要输入数据，则应在此时从键盘输入所需数据，然后程序会接着执行，输出结果。

如果发现运行结果不对，要重新修改源程序，可以再按 F10 键，并用“←”键使亮块移到 Edit 处，按 Enter 键即进入编辑状态，可以根据需要修改源程序，并重复（2）～（4）步，直到得到正确结果为止。

（5）可以用 Alt 和 X 键（同时按这两个键）脱离 Turbo C，回到命令提示符状态。

此时，可以用 DOS 命令显示源程序和运行程序：

```
C:\TC> TYPE   ex1_1.c                 （列出源程序清单）

C:\TC> ex1_1                          （执行程序 ex1_1.exe）
```

如果想再修改源程序，可以重新执行步骤（1），并输入源程序文件名。

用 Visual C++ 6.0 集成开发环境使用鼠标操作，设计功能强大，而且字符串和注释可以用中文，但该环境对初学者来说有一定的难度，读者可根据自己的具体情况选用。

一、选择题

1．以下不正确的概念是（　）。

A．一个 C 程序由一个或多个函数组成

B．一个 C 程序必须包含一个 main 函数

C．在 C 程序中，可以只包括一条语句

D．C 程序的每行上可以写多条语句

2．下述源程序的书写格式不正确的是（　）。

A．一条语句可以写在几行上　　B．一行上可以写几条语句

C．分号是语句的一部分　　D．函数的首部，其后必须加分号

3．以下能正确构成 C 语言程序的是（　）。

A．一个或若干个函数，但其中必须包含一个 main 函数

B．一个或若干个函数，但其中 main 函数是可选的

C．一个或若干个子程序，其中包含一个主程序

D．由若干个过程组成

4．在 C 语言程序中（　）。

A．main 函数只能出现在库函数之后

B．main 函数必须放置在程序的最后

C．main 函数必须放置在程序的开始位置

D．main 函数可以放在程序的任何位置

5．C 编译系统对宏定义的处理是（　）。

A．和其他 C 语句同时进行

B．在程序连接时进行

C．在对其他成分正式编译之前处理

D．在程序执行时进行

6．以下不正确的叙述是（　）。

A．一个 include 命令只能指定一个被包含文件

B．一个 include 命令可以指定多个被包含文件

C．文件包含是可以嵌套的

D．在 include 命令中，文件名可以用双引号或尖括号括起来

二、填空题

1．一个 C 程序由若干个函数构成，其中必须有一个________。

2．一个函数由两部分组成，即________和________。

3．一个函数体的范围是以________开始，以________结束。

4．注释部分以________开始，以________结束。

5．任何 C 语言程序的执行都是从________函数开始。

6．有以下宏命令和赋值语句，宏替换后变量 B 的值为________。

```
#define    A   1+2
   .
   .
   .
B=A*A
```

三、编程题

1．上机运行本章例题，熟悉所用系统的上机方法与步骤。

2．请参照本章例题编写一个 C 程序并上机运行，输出以下信息：

```
******************************
          Hello,world!
******************************
```

第 2 章　数据类型、运算符、表达式

知识点 1　C 语言的数据类型

C 语言的数据结构是以数据类型形式体现的。C 语言的数据类型可以分为基本类型和构造类型两种。其中基本类型有：整型，字符型，实型（也叫浮点型，又可分为单精度型和双精度型两种），枚举类型，指针类型和空类型；构造类型有：数组类型，结构体类型，共用体类型等。

C 语言中数据有常量与变量之分，它们分别属于以上这些类型。由以上这些数据类型还可以构成更复杂的数据结构。例如利用指针和结构体类型可以构成表、树、栈等复杂的数据结构。在程序中对用到的所有数据都必须指定其数据类型。

1.1　常量和变量

1．常量和符号常量

在程序运行过程中，其值不能被改变的量称为常量。常量可以分为不同的类型，如 10、0、-10 为整型常量，12.34、-12.34 为实型常量，'D'、'd'为字符型常量。常量一般从其字面形式即可判别，这种常量称为直接常量；也可以用一个标识符代表一个常量，即符号常量。符号常量在使用前需要先用编译预处理命令定义，如：

```
#define   PI   3.1415926
```

在此定义后，在当前程序中需要使用 3.1415926 的地方都可以用符号常量 PI 代替。

习惯上，符号常量名用大写，变量名用小写，以示区别。但这不是规定，仅是习惯而已。

2．变量

在程序运行过程中，其值可以改变的量称为变量。一个变量应该有一个名字，在内存中占据一定的存储单元。在该存储单元中存放变量的值。变量名、符号常量名、函数名、数组名、类型名、文件名的有效字符序列称为标识符。简单地说，标识符就是一个名字。如 sum、average 是合法的标识符，也是合法的变量名，而 123abc、x+y 等是不合法的标识符和变量名。变量在使用前需要进行定义，即先定义，后使用。变量的定义格式如下：

类型　变量名列表;

例如：

```
int   a,b,c;      /* 定义 a、b、c 为整型变量*/
```

3．整型常量的表示方法

整型常量即整常数。C 语言中整常数可用以下 3 种形式表示：

（1）十进制整数。如 100、-123、0。

（2）八进制整数。以 0 开头的数是八进制数。如 012 表示八进制数 12，即$(12)_8$，其值等于十进制数 10。

（3）十六进制整数。以 0x 开头的数是十六进制数。如 0x12，代表十六进制数 12，即 $(12)_{16}$，其值等于十进制数 18。

4．整型变量的定义方法

整型变量的基本类型符为 int。可以根据数值的范围将变量定义为基本整型、短整型或长整型。在 int 之前可以根据需要分别加上修饰符：short（短整型）或 long（长整型），因此有以下 3 种整型变量：

（1）基本整型，以 int 表示。

（2）短整型，以 short int 或 short 表示。

（3）长整型，以 long int 或 long 表示。

若再加上修饰符，可以使用以下 6 种整型变量，即：

- 有符号基本整型：[signed]　int。
- 无符号基本整型：unsigned　int。
- 有符号短整型：[signed]　short [int]。
- 无符号短整型：unsigned　short　[int]。
- 有符号长整型：[signed] long　[int]。
- 无符号长整型：unsigned long　[int]。

以上定义变量格式中，方括号及其中的内容可以省略。以下是定义整型变量举例：

```
int a,b;                /*指定变量 a、b 为整型变量，每个整型数据在内存中占据 2 个字节单元
                          （TC 环境）或 4 个字节单元（VC 环境）*/
unsigned int c,d;       /*指定变量 c、d 为无符号短整型变量，每个短整型数据及无符号短整型
                          数据在内存中均占据 2 个字节*/
long e,f;               /*指定变量 e、f 为长整型变量，每个长整型数据在内存中占据 4 个字节单元*/
a=10;                   /*给 a 赋以整数 10*/
```

表 2.1 列出了整数类型的数据的取值范围。

表 2.1　整数类型数据的取值范围

类型	取值范围	
	TC 环境	VC 环境
[signed] int	-32768～32767	-2147483648～2147483647
unsigned int	0～65535	0～4294967295
[signed]　short　[int]	-32768～32767	-32768～32767
unsigned short [int]	0～65535	0～65535
long　[int]	-2147483648～2147483647	-2147483648～2147483647
unsigned　long [int]	0～4294967295	0～4294967295

5．实型常量的表示方法

实数又称浮点数。实数有两种表示形式：

（1）十进制小数形式。它由数字和小数点组成（注意必须有小数点）。如 1.23、0.123、12.3、0.0 都是十进制小数形式。

（2）指数形式。如 1.23e2 或 12.3e1 都代表 1.23×10^2。但注意字母 e（或 E）之前必须有数字，且 e 后面的指数必须为整数。

6．实型变量的定义方法

C 语言中实型变量常用的有单精度型（float）、双精度型（double）两类。

以下是定义实型变量举例：

```
float  x,y;          /*指定变量 x、y 为单精度实型变量，每个单精度实型数据在内存中占据 4 个
                        字节单元，自左向右前 7 位数据有效*/
double  z;           /*指定变量 z 为双精度实型变量，每个双精度实型数据在内存中占据 8 个
                        字节单元，自左向右前 16 位数据有效*/
x=12.34;             /*给 x 赋以单精度实数 12.34*/
z=1234.5678;         /*给 z 赋以双精度实数 1234.5678*/
```

7．字符常量

C 语言中的字符常量是用单引号（即撇号）括起来的一个字符。如'a'、'A'、'!'、' '等都是字符常量。注意，'a'和'A'是不同的字符常量。

除了以上形式的字符常量外，C 语言中还允许使用一种特殊形式的字符常量，即以一个“\”开头的字符序列。例如，前面已经遇到过的在 printf 函数中的'\n'，它代表一个“换行”符。这是一种“控制字符”，即转义字符，在屏幕上是不能显示的，在程序中也无法用一个一般形式的字符表示，只能采用特殊形式来表示。常用的转义字符如表 2.2 所示。

表 2.2　常用转义字符及其含义

符号	含义
\n	换行，将当前位置移到下一行开头
\t	水平制表（横向跳格）
\b	退格，将当前位置移到前一列
\r	回车，将当前位置移到本行开头
\f	换页，将当前位置移到下页开头
\\	反斜杠字符（\）
\'	单撇号（'）
\"	双撇号（"）
\ddd	1～3 位八进制数所代表的字符
\xhh	1～2 位十六进制数所代表的字符

8．字符变量

字符型变量用来存放字符常量，一个字符型的变量中只能存放一个字符，不能存放一个字符串。字符型变量的定义形式如下：

```
char ch1,ch2,ch3;                    /*指定变量 ch1、ch2、ch3 为字符型变量，每个字符型数据在内存中
                                        占据 1 个字节单元*/
ch1='a';ch2='\101';ch3='\x41' ;      /*给 ch1 赋以字符 a，给 ch2 赋以字符 A，给 ch3 赋以字符 A*/
```

9．字符串常量

字符常量是由一对单引号括起来的单个字符。C 语言除了允许使用字符常量外，还允许使用字符串常量。字符串常量是一对双引号括起来的字符序列。例如"hello!"、"china"、"A"、"1.235"等都是字符串常量。可以用输出函数输出一个字符串，例如：

```
printf("how do you do.");
```

不要将字符常量与字符串常量混淆。'a'是字符常量，"a"是字符串常量，二者不同。可以使用一个字符型的数组存放一个字符串。在字符串的最后，系统会自动添加'\0'作为字符串的结束标志。字符串常量"china"在内存中的实际存放形式为"china\0"。

1.2 数据类型转换

表达式中不同类型的数据运算时可以进行转换，数据类型转换可分自动（隐式）转换和强制转换两种。

1．自动转换

一般两个操作数运算时，要求两个操作数的类型相同，若不相同则系统自动将低类型数据转换成高类型数据，然后实现运算得高类型数据结果（在转换过程中数据的精度保持不变）。各种数据类型的高低顺序如图 2.1 所示。图中横向向左的箭头表示必定的转换，如字符数据必定先转换为整数，short 型转换为 int 型，float 型数据在运算时一律先转换成双精度型，以提高运算精度（即使是两个 float 型数据相运算，也都先转化成 double 型，然后再运算）。纵向的箭头表示当运算对象为不同类型时转换的方向。例如 int 型与 double 型数据进行运算，先将 int 型的数据直接转换成 double 型，然后在两个同类型（double 型）数据间进行运算，结果为 double 型。注意箭头方向只表示数据类型级别的高低，由低向高转换。不要理解为 int 型先转化成 unsigned int 型，再转化成 long 型，再转化成 double 型。

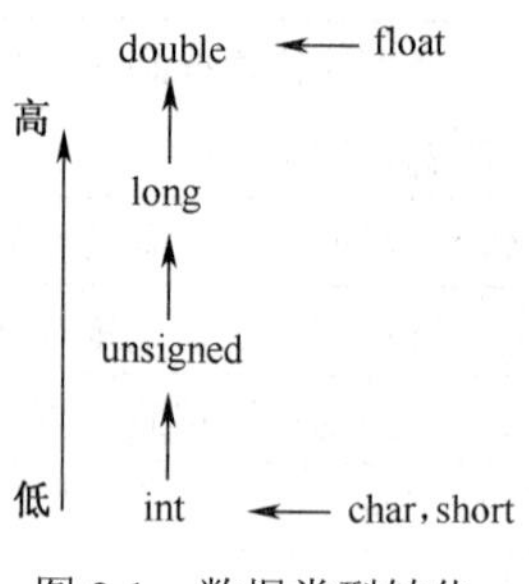

图 2.1 数据类型转化

2．强制转换

强制转换格式如下：

(类型)表达式

或

(类型)(表达式)

其作用是把表达式的值强制转换成所要求的数据类型，如：

```
double x=1.23;
int a,b;
a=(int)x+2.9;
b=(int)(x+2.9);
```

以上代码倒数第二行语句先将 x 强制转换成整型数据 1，即小数部分被舍弃后与实数 2.9 相加得实数 3.9，再将其和的整数部分赋值给变量 a，a 的值为 3。以上代码最后一行语句先将 x 和 2.9 相加得 4.13，再将其强制转换成整型数据 4，即小数部分被舍弃后再赋值给变量 b，b 的值为 4。注意数据类型转换后 x 的值仍然是 1.23。另外在赋值表达式中，当左边的变量和右边表达式的值类型不一致时，也有一个类型强制转换的问题，此时一律将右边表达式值的类型强制转换成跟左边变量的类型相同，然后赋值。如 a=x;，运算时将右边变量 x 的值强制转换成 int 类型值 1 后赋值给整型变量 a，但 x 的值仍然是 1.23。注意，当含字节数多的类型转换成字节数少的数据类型时，可能会引起精度的降低或出现错误的结果。

【案例 2-1】分析下面程序的输出结果并上机验证。

```
#include   "stdio.h"
main()
{
    int a=10,b=12345;
    float x=12.3456,y=-789.1234;
    char c='A';
    long n=1234567;
    unsigned u=65535;
    printf("%d,%d\n",a,b);
    printf("%4d,%4d\n",a,b);
    printf("%f,%f\n",x,y);
    printf("%-10f,%-10f\n",x,y);
    printf("%7.2f,%7.2f,%.3f,%.3f,%4f,%4f\n",x,y,x,y,x,y);
    printf("%e,%10.2e\n",x,y);
    printf("%c,%d,%o,%x\n",c,c,c,c);
    printf("%ld,%lo,%x\n",n,n,n);
    printf("%u,%o,%x,%d\n",u,u,u,u);
    printf("%s,%5.3s\n","computer","computer");
}
```

知识点 2　C 语言的运算符和表达式

C 语言的运算符范围很宽，把除了控制语句和输入输出以外的几乎所有的基本操作都作为运算符处理，例如将符号“=”作为赋值运算符，方括号作为下标运算符等。C 的运算符有以下几类：

- 算术运算符：+、-、*、/、%、++、--。
- 关系运算符：>、<、==、>=、<=、!=。
- 逻辑运算符：!、&&、||。
- 位运算符：<<、>>、~、|、∧、&。
- 赋值运算符：=及其扩展赋值运算符。
- 条件运算符：?:。
- 逗号运算符：,。
- 指针运算符：*和&。
- 求字节数运算符：sizeof。
- 强制类型转换运算符：(类型)。

- 分量运算符：.、->。
- 下标运算符：[]。
- 其他：如函数调用运算符()。

2.1 算术运算符和算术表达式

1．算术运算符

+：加法运算符或正值运算符，如 1+2、+10。

-：减法运算符或负值运算符，如 1-2、-10。

*：乘法运算符，如 1*2。

/：除法运算符，如 5/3。

%：模运算符，或称求余运算符，%两侧均应为整型数据，如 5%3 的值为 2。

需要说明的是，两个整数相除的结果为整数，如 5/3 的结果值为 1，舍去小数部分。但是，如果除数或被除数中有一个为负值，则舍入的方向是不固定的。例如，-5/3 在有的机器上得到结果-1，有的机器则给出结果-2。多数机器采取“向零取整”的方法，即 5/3=1，-5/3=-1，取整后向零靠拢。如果参加+、-、*、/运算的两个数中有一个数为实数，则结果是 double 型，因为所有实数都按 double 型进行运算。

2．算术表达式和运算符的优先级与结合性

用算术运算符和括号将运算对象（也称操作数）连接起来的、符合 C 语言语法规则的式子称为 C 算术表达式。运算对象包括常量、变量、函数等。例如，下面是一个合法的 C 算术表达式：a*b/c-1.2+'A'。

C 语言规定了运算符的优先级和结合性。在表达式求值时，先按运算符的优先级别高低次序执行，例如先乘除后加减。如表达式 a-b*c，b 的左侧为减号，右侧为乘号，而乘号优先于减号，因此，相当于 a-(b*c)。如果在一个运算对象两侧的运算符的优先级别相同，则按规定的“结合方向”处理。如 a-b+c，先做 a-b，再将其结果和 c 相加得到最后结果。

C 规定了各种运算符的结合方向（结合性），算术运算符的结合方向为“自左至右”，即先左后右。“自左至右的结合方向”又称“左结合性”，即运算对象先与左面的运算符结合。以后可以看到有些运算符的结合方向为“自右至左”，即右结合性（例如赋值运算符）。如果一个运算符的两侧的数据类型不同，则会先自动进行类型转换，使二者具有同一种类型，然后再进行运算。

3．自增、自减运算符

自增、自减运算符的作用是使变量的值增 1 或减 1，例如：

++i，--i：在使用 i 之前，先使 i 的值加（减）1。

i++，i--：在使用 i 之后，使 i 的值加（减）1。

++i 和 i++的作用都相当于 i=i+1。但其不同之处在于：++i 是先执行 i=i+1 后，再使用 i 的值，即先自增后操作；而 i++是先使用 i 的值后，再执行 i=i+1，即先操作后自增。如果 i 的原值等于 2，则执行下面的赋值语句（设这两条语句分别执行）：

```
k=++i;   /*i 的值先变成 3，再赋给 k，k 的值为 3*/
k=i++;   /*先将 i 的值 2 赋给 k，k 的值为 2，然后 i 变为 3*/
```

又如：

```
i=3;
printf("%d",++i);
```

输出 4；若改为

```
printf("%d",i++);
```

则输出 3。

注意

（1）自增运算符（++）和自减运算符（--），只能用于变量，而不能用于常量或表达式，如 5++或(a+b)++都是不合法的。

（2）++和--的结合方向是“自右至左”。

自增（减）运算符常用在循环语句中，使循环变量自动加（减）1，也可用于指针变量，使指针指向下一个地址。

2.2　赋值运算符及赋值表达式

1．赋值运算符

赋值符号“=”就是赋值运算符，它的作用是将一个数据赋给一个变量。如“a=10”的作用是执行一次赋值操作（或称赋值运算），把常量 10 赋给变量 a。也可以将一个表达式的值赋给一个变量，如 a=3*4-1，该操作执行后 a 的值为 11。

2．复合赋值运算符

在赋值运算符“=”之前加上其他运算符，可以构成复合赋值运算符。如果在“=”前加上一个“+”运算符就成了复合运算符“+=”。例如：

a+=10	等价于	a=a+10
b*=c+6	等价于	b=b*(c+6)
d%=2	等价于	d=d%2

注意

如果赋值号右边是包含若干项的表达式，则相当于它有括号。例如，b*=c+6 等价于 b=b*(c+6)。

凡是二元（二目）运算符，都可以与赋值运算符一起组合成复合赋值运算符。C 语言规定可以使用 10 种复合赋值运算符，即+=、-=、*=、/=、%=、<<=、>>=、&=、∧=、|=。

C 语言采用这种复合运算符，一是为了简化程序，使程序精炼，二是为了提高编译效率。

3．赋值表达式

由赋值运算符将一个变量和一个表达式连接起来的式子称为“赋值表达式”，它的一般形式为：

<变量><赋值运算符><表达式>

如 a=10 是一个赋值表达式。对赋值表达式求解的过程是：将赋值运算符右侧的“表达式”的值赋给左侧的变量。赋值表达式的值就是被赋值的变量的值。上述一般形式的赋值表达式中的“表达式”又可以是一个赋值表达式。如 a=(b=10)，括号内的 b=10 是一个赋值表达式，它的值等于 10。a=(b=10)相当于 b=10 和 a=b 两个赋值表达式，因此 a 的值等于 10，整个赋值表达式的值也等于 10。赋值运算符按照“自右至左”的顺序结合。

2.3 关系运算符和关系表达式

1．关系运算符

关系运算实际上就是“比较运算”。将两个值进行比较，判断其比较的结果是否为真。例如，x>10 是一个关系表达式，大于号（>）是一个关系运算符，如果 x 的值为 15，则满足给定的“x>10”条件，因此关系表达式的值为“真”(即“条件满足”)；如果 x 的值为 5，不满足“x>10”条件，则称关系表达式的值为“假”。C 语言中以 1 代表“真”，以“0”代表“假”。

C 语言提供了 6 种关系运算符：

优先级相同（高）的有：<（小于）、<=（小于或等于）、>（大于）、>=（大于或等于）。

优先级相同（低）的有：==（等于）和!=（不等于）。

关于优先次序：

（1）前 4 种关系运算符（<、<=、>、>=）的优先级别相同，后两种（!=和==）也相同。但前 4 种的优先级高于后两种。例如，“>”优先于“==”，而“>”与“<”优先级相同。例如，3==3<5 的结果值为 0（假），而不为 1（真）。因为是先做 3<5，结果值为 1，将其与 3 比较，不相等，所以结果值为假；而不是先做 3==3，再将其结果与 5 比较。

（2）关系运算符的优先级低于算术运算符。

（3）关系运算符的优先级高于赋值运算符。

2．关系表达式

用关系运算符将两个表达式（可以是算术表达式、关系表达式、逻辑表达式、赋值表达式、字符表达式）连接起来的式子，称为关系表达式。例如，下面都是合法的关系表达式：

x>y　x+y<z-y　'x'<'y'

关系表达式的结果值是一个逻辑值，即“真”或“假”。例如，关系表达式 10==20 的值为“假”，20>=10 的值为“真”。现假设：x=10，y=20，z=30，则关系表达式 x<y 的值为“真”，表达式的结果值为 1；关系表达式(x>y)!=z 的值为“真”，表达式的结果值为 1；关系表达式 x+y<z 的值为“假”，表达式的结果值为 0。

2.4 逻辑运算符和逻辑表达式

1．逻辑运算符及其优先次序

C 语言提供了 3 种逻辑运算符：

（1）&&（逻辑与）。

（2）||（逻辑或）。

（3）!（逻辑非）。

“&&”和“||”是双目（元）运算符，它要求有两个运算量（操作数），如(a>b)&&(x>y)、(a>b)||(x>y)。“!”是单目（元）运算符，只要求有一个运算量，如!(a>b)。逻辑运算的结果为逻辑量真（1）或假（0），在一个逻辑表达式中如果包含多个逻辑运算符，如!x &&y||a<b||z，在运算时会按以下的优先次序进行运算：

（1）!（非）→&&（与）→（或），即“!”为三者中优先级最高的。

（2）逻辑运算符中的“&&”和“||”低于关系运算符，“!”高于算术运算符。

2．逻辑表达式

用逻辑运算符将关系表达式或逻辑量连接起来的式子就是逻辑表达式，逻辑表达式的结果值应该是一个逻辑量“真”或“假”。C 语言编译系统在给出逻辑运算结果时，以数值 1 代表“真”，以 0 代表“假”，但在判断一个量是否为“真”时，以 0 代表“假”，以非 0 代表“真”。即作为条件时将一个非零的数值认作为“真”；作为结果时用数值“1”作为“真”。例如：

（1）若 x=10，则!x 的值为 0。

（2）若 x=10，y=20，则 x&&y 的值为 1，x||y 的值为 1，!x||y 的值也为 1。

在逻辑表达式的求解中，并不是所有的逻辑运算符都被执行，只是在必须执行下一个逻辑运算符才能求出表达式的解时，才执行该运算符。例如：

（1）x&&y&&z。只有 x 为真（非 0）时，才需要判断 y 的值，只有 x 和 y 都为真的情况下才需要判断 z 的值。只要 x 为假，就不必判断 y 和 z（此时整个表达式已确定为假）。如果 x 为真，y 为假，也不判断 z。

（2）x||y||z。只要 x 为真（非 0），就不必判断 y 和 z；只有 x 为假，才判断 y；x 和 y 都为假才判断 z。

也就是说，对&&运算符来说，只有 x≠0，才继续进行右面的运算；对 || 运算符来说，只有 x=0，才继续进行其右面的运算。因此，如果有下面的逻辑表达式：

```
(m=a>b)  &&  (n=c>d)
```

当 a=1，b=2，c=3，d=4，m 和 n 的原值为 1 时，由于“a>b”的值为 0，因此 m=0，而“n=c>d”不被执行，因此 n 的值不是 0 而仍保持原值 1。

2.5　条件运算符

若 if 语句中，在表达式为“真”或“假”时都只执行其中一个赋值语句给同一个变量赋值，则可以用简单的条件运算符来处理。例如，若有以下 if 语句：

```
if  (a>b)     max=a;
else          max=b;
```

可以用下面的条件运算符来处理：

```
max=(a>b)? a:b;
```

该语句的执行结果就是将 a 和 b 二者中的大者赋给 max。其中(a>b)?a:b 是一个“条件表达式”。它是这样执行的：如果(a>b)条件为真，则条件表达式取值 a，否则取值 b。

条件运算符是 C 语言中唯一的一个三目运算符，其要求有 3 个操作对象，故称三目（元）运算符。条件表达式的一般形式为：

表达式 1? 表达式 2:表达式 3

在执行时先求解表达式 1，若为非 0（真），则求解表达式 2，此时表达式 2 的值就作为整个条件表达式的值；若表达式 1 的值为 0（假），则求解表达式 3，表达式 3 的值就是整个条件表达式的值。条件运算符的优先级别高于赋值运算符，但比关系运算符和算术运算符都低。条件运算符的结合方向为“自右至左”。在条件表达式中，表达式 1 的类型可以与表达式 2 和表达式 3 的类型不同。

【案例 2-2】分析下面程序的输出结果并上机验证。

```
#include   "stdio.h"
void   main()
{
    int a,b,c,i,j,k;
    int   m,n;
    double   x,y,z;
    a=b=c=7;
    i=10;m=1;
    x=2.5;y=4.7;
    b+=a;
    c*=a-2;
    z=x+a%3*(int)(x+y)%2/4;
    j=++i;
    k=i++;
    m+=k;
    n=a>=b&&b<c;
    printf("a=%d,b=%d,c=%d,m=%d,n=%d,i=%d,j=%d,k=%d\n",a,b,c,m,n,i,j,k);
    printf("z=%f\n",z);
}
```

2.6 位运算符和位运算

位运算是指进行二进制位的运算。C 语言提供位运算的功能，具有很大的优越性。

1．“按位与”运算符（&）

参加运算的两个数据，按二进位进行“与”运算。如果两个相应的二进位都为 1，则该位相与的结果值为 1，否则为 0，即 0&0=0；0&1=0；1&0=0；1&1=1。

例如，7&5 按位与运算：

```
  7        00000111
  5        00000101
 (&)       00000101
```

从以上运算可知，7&5 的值为 5。如果参加“&”运算的数是负数（如-7 & -5），则以补码形式表示为二进制数，然后按位进行“与”运算。按位与运算的主要用途有：清零、取一个数中的某些指定位、保留某一个指定位等。需要注意，7&&5 的结果值为 1，因为&&为逻辑运算符“与”，7 和 5 作为条件其值为真，真值和真值相与，结果为真。

2．“按位或”运算符（|）

两个相应的二进位中只要有一个为 1，该位相或的结果值就为 1，即 0|0=0；0|1=1；1|0=1；1|1=1。

例如，7|6 按位或运算：

```
  7        00000111
  6        00000110
 (|)       00000111
```

从以上运算可知，7|6 的值为 7。如果参加“|”运算的是负数（如-7|-6），则以补码形式

表示为二进制数，然后按位进行“或”运算。按位或运算常用来对一个数据的某些位置 1。需要注意，7||6 的结果值为 1，因为||为逻辑运算符“或”，7 和 6 作为条件，其值为真，真值和真值相或，结果为真。

3．“异或”运算符（∧）

参加运算的两个数据，若两个二进位同号，则结果为 0（假）；异号则为 1（真），即 0∧0=0；0∧1=1；1∧0=1；1∧1=0。

例如，7∧5 按位异或运算：

```
 7       00000111
 5       00000101
(∧)      00000010
```

从以上运算可知，7∧5 的值为 2。如果参加“∧”运算的是负数（如-7∧-5），则以补码形式表示为二进制数，然后按位进行“异或”运算。“异或”的意思是判断两个相应的位值是否为“异”，为“异”（值不同）则取真（1），否则为假（0）。需要注意，在 C 语言中“∧”运算符不是表示乘方的意思，若要表示乘方，需要使用 pow()函数，如 x^3 可以写为 pow(x,3)，该函数存于头文件 math.h 中。

4．“取反”运算符（～）

～是一个单目（元）运算符，用来对一个二进制数按位取反，即将 0 变 1，1 变 0。例如～037 是对八进制数 37（即二进制数 00011111）按位求反，结果为 11100000。但!037 的结果值为 0，因为！是逻辑运算符。

5．“左移”运算符（<<）

用来将一个数的各二进制位全部左移若干位。例如 a=a<<2，表示将 a 的各二进制位左移 2 位，右补 0。若 a=5，即二进制数 00000101，左移 2 位得 00010100，即十进制数 20，相当于乘以了 2^2。

6．“右移”运算符（>>）

用来将一个数的各二进制位全部右移若干位。例如 a=a>>2，表示将 a 的各二进制位右移 2 位。移到右端的低位被舍弃，对无符号数，高位补 0。

7．位运算赋值运算符

位运算符与赋值运算符可以组成复合赋值运算符，如&=、|=、>>=、<<=、∧=。例如，a &=b 相当于 a = a & b。

2.7 逗号运算符和逗号表达式

逗号运算符（,）是 C 语言提供的一种特殊的运算符，用它将两个表达式连接起来。例如：

3+2,3-2

用逗号运算符连接的式子称为逗号表达式，逗号表达式的一般形式为：

表达式 1,表达式 2

逗号表达式的求解过程是：先求解表达式 1，再求解表达式 2。整个逗号表达式的值是表达式 2 的值。例如，上面的逗号表达式“3+2,3-2”的值为 1。逗号表达式的一般形式可以扩展为：

表达式 1,表达式 2,表达式 3,…,表达式 n

它的值为表达式 n 的值。逗号运算符是所有运算符中级别最低的。

执行表达式 a=3+2,3*2 后，a 的值为 5，整个表达式的值为 6；但执行表达式 a=(3+2,3*2)后，a 的值为 6，整个表达式的值也为 6。

【案例 2-3】分析下面程序的输出结果并上机验证。

```
#include "stdio.h"
void main()
{
    int a=12,b=10,c,d,e,f,g,h;
    c=a&b;
    d=a|b;
    e=a^b;
    f=a<<2;
    g=a>>2;
    h=~b;
    printf("c=%d\n",c);
    printf("d=%d\n",d);
    printf("e=%d\n",e);
    printf("f=%d\n",f);
    printf("g=%d\n",g);
    printf("h=%d\n",h);
}
```

知识点 3　格式化输入/输出

C 语言本身不提供输入输出语句，输入和输出操作是由函数来实现的。在 C 标准函数库中有一批“标准输入输出函数”，它是以标准的输入输出设备（一般为终端设备）为输入输出对象的。其中常用的有：putchar（输出单个字符）、getchar（输入单个字符）、printf（格式输出）、scanf（格式输入）、puts（输出字符串）、gets（输入字符串）。需要注意，printf 和 scanf 等不是 C 语言的关键字，而只是函数的名字。在使用 C 语言库函数时，需要用编译预处理命令“#include”将有关的“头文件”包含到用户源文件中。在头文件中包含了与用到的函数有关的信息。例如使用标准输入输出库函数时，要用到 stdio.h 文件。文件后缀“h”是 head 的缩写，#include 命令都是放在程序的开头，因此这类文件被称为“头文件”。在调用标准输入输出库函数时，文件开头应有以下编译预处理命令：

```
#include <stdio.h>
```

或

```
#include "stdio.h"
```

3.1　格式输出函数（printf 函数）

printf 函数的作用是向终端（或系统隐含指定的输出设备）输出若干个任意类型的数据。通过 printf 函数可以输出多个数据，且为任意类型。

printf 函数的一般格式为：

printf("输出格式",输出表列);

输出格式是用双引号括起来的字符串，主要由格式说明、按原样输出的字符及转义字符组成。格式说明由“%”和格式字符组成，如%d、%f 等。它的作用是将输出的数据转换为指定的格式输出。格式说明总是由“%”字符开始的。输出表列是指需要输出的一些数据，可以是常数、变量或表达式。例如：

```
printf("%d,%c\n",i,c);
```

1．格式字符

对不同类型的数据用不同的格式字符。常用的格式字符有以下几种：

（1）d 格式符：用来输出十进制整数。有以下几种用法：

- %d：按整型数据的实际长度输出。
- %md：m 为指定的输出字段的宽度。如果数据的位数小于 m，则左端补以空格；若大于m，则按实际位数输出。例如：

```
printf("%3d,%3d",a,b);
```

若 a=10，b=12345，则输出结果为：

```
10,12345
```

- %ld：输出长整型数据。例如：

```
long    a=135790;
printf("%ld",a);
```

（2）o 格式符：以八进制数形式输出整数。由于是将内存单元中各位的值（0 或 1）按八进制形式输出，因此输出的数值不带符号，即将符号位也一起作为八进制数的一部分输出。

（3）x 格式符：以十六进制数形式输出整数。同样不会出现负的十六进制数。

（4）u 格式符：用来输出 unsigned 型数据，即无符号数，以十进制数形式输出。一个有符号整数（int 型）也可以用%u 格式输出；反之，一个 unsigned 型数据也可以用%d 格式输出，按相互赋值转换的规则处理。unsigned 型数据也可以用%o 或%x 格式输出。

【案例 2-4】整型数据的输出示例。

```
#include    <stdio.h>
main()
{
  unsigned int a=65535;
  int b=-2;
  printf("a=%d,%o,%x,%u\n",a,a,a,a);
  printf("b=%d,%o,%x,%u\n",b,b,b,b);
}
```

TC 环境下的运行结果为：

```
a=-1,177777,ffff,65535
b=-2,177776,fffe,65534
```

VC 环境下的运行结果为：

```
a=65535,177777,ffff,65535
b=-2,37777777776,fffffffe,4294967294
```

（5）c 格式符：用来输出一个字符。例如：

```
char  c='a';
printf("%c",c);
```

输出字符‘a’，请注意，“%c”中的 c 是格式符，逗号右边的 c 是变量名，不要弄混。一个整数，只要它的值在 0～255 范围内，则也可以用字符形式输出，在输出前，系统会将该整数作为 ASCII 码转换成相应的字符；反之，一个字符数据也可以用整数形式输出。

【案例 2-5】字符数据的输出示例。

```
#include  <stdio.h>
main()
{
    char ch='a';
    int i=97;
    printf("%c,%d\n",ch,ch);
    printf("%c,%d\n",i,i);
}
```

运行结果为：

```
a,97
a,97
```

（6）s 格式符：用来输出一个字符串。有以下几种用法：

- %s：例如 printf("%s","china");输出"china"字符串（不包括双引号）。
- %ms：输出的字符串占m列，如果字符串本身长度大于 m，则突破m的限制，将字符串全部输出；若串长小于 m，则左补空格。
- %-ms：如果串长小于m，则在m列范围内，字符串向左靠，右补空格。
- %m.ns：输出占m列，但只取字符串中左端的 n 个字符。这 n 个字符输出在m列的右侧，左补空格。
- %-m.ns：其中m、n 含义同上，n 个字符输出在m列范围的左侧，右补空格。如果 n>m，则m自动取 n 值，即保证 n 个字符正常输出。

【案例 2-6】字符串的输出示例。

```
#include  <stdio.h>
main()
{
    printf("%4s,%7.2s,%.3s,%-5.3s\n","china","china","china","china");
}
```

运行结果为：

```
china, ch,chi,chi
```

（7）f 格式符：用来输出实数（包括单精度型、双精度型），以小数形式输出。有以下几种用法：

- %f：不指定字段宽度，由系统自动指定，使整数部分全部如数输出，并输出 6 位小数。应当注意，并非全部数字都是有效数字。单精度实数的有效位数一般为 7 位；双精度数也可以用%f 格式输出，它的有效位数一般为 16 位，其中包括 6 位小数。
- %m.nf：指定输出的数据共占m列，其中有 n 位小数。如果数值长度小于m，则左端补空格。

- %-m.nf：与%m.nf基本相同，只是使输出的数值向左端靠，右端补空格。

【案例 2-7】实数的输出示例。

```
#include   <stdio.h>
main()
{
    float x,y;
    x=111111.111;y=222222.222;
    float f=123.456;
    printf("%f",x+y);
    printf("%f   %10f   %10.2f   %.2f   %-10.2f\n",f,f,f,f,f);
}
```

输出结果如下：

```
333333.328125
123.456001 123.456001          123.46    123.46    123.46
```

（8）e 格式符：以指数形式输出实数。其常用形式有%e、%m.ne 和%-m.ne 三种。

（9）g 格式符：用来输出实数，它根据数值的大小自动选择 f 格式或 e 格式，选择输出时占宽度较小的一种，且不输出无意义的 0。

2．注意事项

在使用 printf 函数时，需要注意以下几点：

（1）除了 x、e、g 外，其他格式字符必须用小写字母，如%d 不能写成%D。

（2）可以在 printf 函数中的“格式控制”字符串内包含转义字符，如“\n”、“\t”、“\b”、“\r”、“\f”、“\377”等。

（3）上面介绍的 d、o、x、u、c、s、f、e、g 等字符，如用在“%”后面就作为格式符号。一个格式说明以“%”开头，以上述 9 个格式字符之一为结束，中间可以插入附加格式字符（也称修饰符）。

（4）如果想输出字符“%”，则应该在“格式控制”字符串中用连续两个%表示。

3.2 格式输入函数（scanf 函数）

scanf 函数的一般形式为：

scanf("输入格式",地址表列);

输入格式的含义和 printf 函数中的格式说明相似，以%开始，以一个格式字符结束，中间可以插入附加的字符。地址表列是由若干个地址组成的表列，可以是变量的地址或字符串的首地址。在输入格式中若给 unsigned 型变量输入数据，使用%u、%d、%o、%x 格式均可；可以指定输入数据所占的列数，系统自动按它截取所需数据，但输入数据时不能规定精度，例如：

```
scanf("%7.2f",&a);
```

是不合法的。

【案例 2-8】用 scanf 函数输入数据示例。

```
#include   <stdio.h>
main()
```

```
{
  int a,b,c;
  scanf("%d%d%d",&a,&b,&c);
  printf("%d,%d,%d\n",a,b,c);
}
```

运行时按以下方式输入 a、b、c 的值：

```
1    2    3    /* 给 a、b、c 变量输入数据*/
```

运行结果为：

```
1,2,3
```

地址表列中的&a、&b、&c 中的“&”是“地址运算符”，&a 指 a 在内存中的地址。上面 scanf 函数的功能是：按照 a、b、c 在内存中的地址将 a、b、c 的值存进去。输入格式中的“%d%d%d”表示按十进制整数形式输入数据。输入数据时，在两个数据之间以一个或多个空格间隔，也可以用 Enter 键、跳格键 tab 间隔。下面的输入均是合法的：

① 1　2　3

② 1
　2
　3

③ 1（按 tab 键）2　（按 tab 键）3

此外，在使用 scanf 函数时还需要注意以下几点：

（1）scanf 函数中的“格式控制”后面应该是变量地址，而不应是变量名。例如，如果 a、b 为整型变量，则

```
scanf("%d,%d",a,b);
```

是不对的，应将“a,b”改为“&a,&b”。

（2）如果在“格式控制”字符串中除了格式说明以外还有其他字符，则在输入数据时应输入与这些字符相同的字符。例如：

```
scanf("%d,%d",&a,&b);
```

输入时应用如下形式：

```
1,2
```

注意 1 后面是逗号，它与 scanf 函数中的“格式控制”中的逗号对应。如果输入时不用逗号而用空格或其他字符则是不对的。

（3）在用“%c”格式输入字符时，空格字符和“转义字符”都作为有效字符输入，例如：

```
scanf("%c%c%c",&c1,&c2,&c3);
```

如输入 a b c，则会将字符'a'送给 c1，空格字符' '送给 c2，字符'b'送给 c3，因为%c 只要求读入一个字符，后面不需要用空格作为两个字符的间隔，因此空格字符' '作为下一个字符送给 c2。

（4）在输入数据时，遇到空格或按 Enter 键或“跳格键”（Tab）或达到指定的宽度或遇非法输入都被认为该数据输入结束。

一、选择题

1．以下正确的标识符是（　）。

A．b_2　　B．2b　　C．b=2　　D．b-2

2．表达式“100!=200”的值是（　）。

A．true　　B．非零值　　C．0　　D．1

3．以下变量名全部合法的是（　）。

A．abc、a10、a_1、_a1　　B．? 123、*a、a-b、_ab

C．123?、wang、*a、abc　　D．wang_wang、B、while、123

4．在下面的运算符中，优先级最低的运算符是（　）。

A．>=　　B．=　　C．%　　D．||

5．C 语言中，运算对象必须是整型数据的运算符是（　）。

A．%　　B．/　　C．!　　D．*（乘）

6．设 x、y 均为整型变量，且 x 的值为 5，y 的值为 2，以下值为 1 的表达式是（　）。

A．!(y==x/2)　　B．y!=x%3

C．x>0&&y<0　　D．x!=y||x>=y

7．执行下列语句，要使 x、y 均为 1.23，从键盘上的正确输入是（　）。

```
scanf("x=%f,y=%f",&x,&y);
```

A．1.23,1,23　　B．1.23 1.23

C．x=1.23,y=1.23　　D．x=1.23 y=1.23

8．设整型变量 m、n、a、b、c、d 的值均为 1，执行语句(m=a>b)||(n=c>d)后，m、n 的值为（　）。

A．0　0　　B．0　1　　C．1　0　　D．1　1

9．设 ch 为 char 型变量，其值为'A'，则下面表达式的值是（　）。

```
ch=(ch>='A' && ch<='Z')?(ch+32):ch
```

A．A　　B．a　　C．Z　　D．z

10．在 C 语言中运算符的优先级从高到低的排列顺序是（　）。

A．关系运算符　算术运算符　赋值运算符

B．算术运算符　赋值运算符　关系运算符

C．赋值运算符　关系运算符　算术运算符

D．算术运算符　关系运算符　赋值运算符

11．以下正确的选项是（　）。

A．10++　　B．(x+y)++

C．++(x-y)　　D．(j++)+(j++)+(j++)

12．以下正确的赋值表达式是（　）。

A．x=2+y--=3+c　　B．(x=10-2,y+3),z-3

C．x=y--=z--　　　　D．x=y+5=y-z

13．执行以下语句后，a 和 b 的值分别为（　）。

```
int a=1,b=2;
a=a^b;
b=b^a;
a=a^b;
```

A．a=1　b=2　　　　B．a=2　b=2

C．a=2　b=1　　　　D．a=1　b=1

二、填空题

1．设 a、b、c 均为 int 型变量，且值均为 6，则执行“a-=b-c”后，a=________；再执行“a%=b+c”后，a= ________。

2．表达式'A'+32-3/5*6 的值是________，a=b=c=2+3/5 的值是________。

3．能表示 2<a<3 或 a<-10 的 C 语言表达式是________。

4．设 a=3，b=4，c=5，则 a+b>c&&b==c 的值为________，!(b>c)+(b!=a)||(a+b)&&(b-c)的值为________。

5．表达式 !(x<0) 的等价表达式是________。

6．以下程序的运行结果是________。

```
void  main()
{
    int  i,j;
    float  a,b;
    long  k;
    i=9;j=-4;
    a=12.3;b=4.5;
    k=a/b;
    k=a-i/j;
    printf("%ld\n",k);
}
```

7．表达式 6&&5 的值是________，6&5 的值是________，6||5 的值是________，6|5 的值是________，3<<2 的值是________。

三、编程题

1．要将“china”译成密码，密码规律是：用原来字母后面的第 4 个字母代替原来的字母。例如，字母“a”后面的第 4 个字母是“e”，用“e”代替“a”。因此，“china”应译为“glmre”。请编写一个程序，用赋初值的方法使 c1、c2、c3、c4、c5 五个变量的值分别为'c'、'h'、'i'、'n'、'a'，经过运算，使 c1、c2、c3、c4、c5 分别变为'g'、'l'、'm'、'r'、'e'，并输出。

2．编程求下面算术表达式的值：

```
(float)(a+b)/2+(int)x%(int)y
```

设 a=2，b=3，x=3.5，y=2.5。

3．编程输出下面表达式运算后 a 的值，设原来 a=10。a 和 b 已定义为整型变量。

（1）a+=a。

（2）a-=5。

（3）a*=2+4。

（4）a/=a+a。

（5）a%=(b%=2)，b 的值等于 3。

（6）a+=a-=a*=a。

4．编程输入一个华氏温度，要求输出摄氏温度。公式为 c=5/9(f-32)。

5．编程从键盘输入圆的半径 r，求以 r 为半径的圆的周长、面积、圆球体积，并输出结果。

第 3 章　C 语言程序设计初步

知识点 1　顺序结构程序设计

1.1　概述

一个 C 程序可以由若干个源程序文件（分别进行编译的文件模块）组成，一个源文件可以由若干个函数、编译预处理命令以及全局变量声明部分组成，一个函数又由数据定义部分和执行语句组成。C 语言中的语句用于向计算机系统发出操作指令，一个语句经编译后产生若干条机器指令。一个实际的程序应当包含若干语句。从结构化程序设计角度分析，结构化程序主要有 3 种结构形式：顺序结构、选择结构（分支结构）和循环结构。

1.2　顺序结构程序设计

具有顺序结构的程序，其执行的流向是单一的，只能按照一个方向依次执行，不能改变。C 语言中的顺序语句结构主要由说明语句、函数调用语句、表达式语句、空语句、复合语句和实现输入/输出功能的语句组成。

1．C 程序中的语句

C 语言中的语句主要可以分为以下 6 类：

（1）说明语句。变量的说明和函数的说明后面加上分号，统称为说明语句，如：

```
int   a,b,c[10];              /* 变量及数组说明语句*/
float   max(int a,int b);     /* 函数原型说明语句*/
```

（2）函数调用语句。由一次函数调用加一个分号构成一个语句，例如：

```
printf("this is a c program.\n");
```

（3）表达式语句。在一个表达式后面加上分号就构成了一个语句，最常用的是，在赋值表达式后加上分号构成赋值语句。例如，a=10 是一个赋值表达式，而 a=10;是一个赋值语句。一个语句必须在最后出现分号，分号是语句中不可缺少的一部分。任何表达式都可以加上分号而成为语句，例如 i++;是一条语句，作用是使 i 值加 1。又如 x+y;也是一条语句，作用是完成 x+y 的操作，它是合法的，但是并不把 x+y 的和赋给另一变量，所以它并无实际意义。

（4）控制语句。控制语句能完成一定的控制功能。C 语言中有 9 种控制语句，分别是：if(p)～else～（条件语句）、while(p)～（循环语句）、for(f1;f2;f3)～（循环语句）、do～while(p)（循环语句）、continue（结束本次循环语句）、break（中止执行 switch 或循环语句）、switch（多分支选择语句）、goto（转向语句）、return（从函数返回语句）。

上面语句括号中的 p、f1、f2、f3 代表一个条件，～表示内嵌的语句。例如，将 a、b 中的最大值赋给 max 可以写成：

```
if(a>b)max=a;else max=b;
```

（5）空语句。空语句的特点是分号前没有内容，下面是一个空语句：

```
;
```

即只有一个分号的语句，它什么也不做，但有时可以用来作被转向点或循环语句中的循环体（循环体若是空语句，则表示该循环什么也不做）。

（6）复合语句。用一对大括号{}把两条或两条以上的语句括起来组成一个整体即成为复合语句，如下面就是一个复合语句：

```
{
    t=a;
    a=b;
    b=t;
}
```

C 语言允许一行写几个语句，也允许一个语句拆开写在几行上，书写格式无固定要求。

2．C 程序的 3 种基本结构

为了提高程序设计的质量和效率，现在普遍采用结构化程序设计方法。结构化程序由若干个基本结构组成。每一个基本结构可以包含一个或若干个语句。C 语言程序中主要有 3 种基本结构：

（1）顺序结构。程序自上而下依次执行。

（2）选择结构。它是根据“条件”判断的结果决定程序执行的流向，因此该结构也称判断结构。其中“条件”是一个表达式。程序执行的流向是根据表达式值是“非 0”还是“0”来决定的。非 0 代表条件为“真”（成立）；0 代表条件为“假”（不成立）。

（3）循环结构。C 语言中主要有两种循环结构：

- 当型循环结构：当条件成立（逻辑“真”）时，反复执行循环体中的操作，直到条件为“假”时才停止循环。
- 直到型循环结构：先执行循环体中的操作，再判断条件是否为“假”，若条件为“假”，再执行循环体中的操作，如此反复，直到条件为“真”为止。

【案例 3-1】以下程序为输入三角形的三边长，求三角形面积。为简单起见，设输入的三边长 a、b、c 能构成三角形。

```
#include   "stdio.h"
#include   "math.h"
main()
{
    float a,b,c,p,s;
    printf("Please input a,b,c:\n");
    scanf("%f%f%f",&a,&b,&c);
    p=1/2.0*(a+b+c);
    s=sqrt(p*(p-a)*(p-b)*(p-c));
    printf("area=%f\n",s);
}
```

知识点 2　选择结构程序设计

2.1　if 语句

C 语言提供的选择结构是实现结构化程序设计的基本成分之一，它是根据“条件”判断的结果决定程序执行的流向，因为条件只有两个状态，程序执行的流向也只可能有两个选择，所以这种结构也称二分支结构。该结构是以关键字 if 开头，因此也简称它为“if 结构”。if 结构有 3 种形式：简单的 if 结构、if_else 结构、if_else_if 结构。除 if 结构外，C 语言中还有一个由选择结构派生出来的多分支结构（switch 结构）。有关多分支结构的内容将在后面介绍。

1．简单的 if 结构

简单 if 结构的形式如下：

```
if(表达式)
  语句
```

这里的“表达式”就是决定程序流向的“条件”，当表达式的值为非 0（逻辑“真”）时执行“语句”，否则（表达式的值为 0，即逻辑“假”）不执行“语句”，而程序直接进入该结构的下一句继续执行。这里的“语句”可以是简单语句，也可以是复合语句。此结构的执行过程如图 3.1（a）所示。

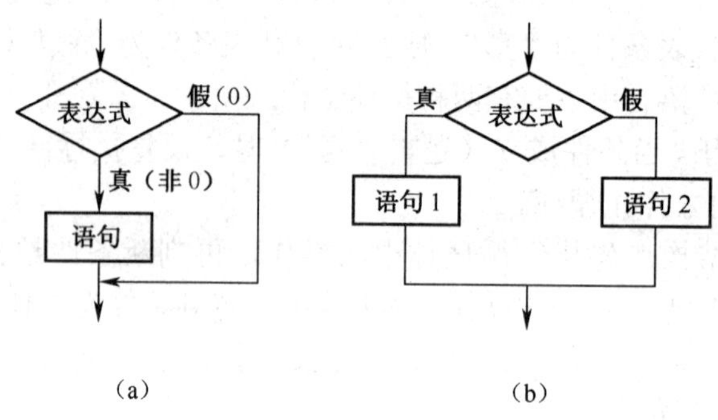

图 3.1　if 语句结构

例如：

```
if(x>y) printf("%d",x);
```

2．if_else 语句结构

if_else 语句结构是 if 结构的第二种形式，这种结构的形式如下：

```
if(表达式)
   语句 1
else
   语句 2
```

当表达式的值为非 0（逻辑“真”）时，执行语句 1；否则（逻辑“假”）执行语句 2。这里的语句 1 和语句 2 可以是简单语句，也可以是复合语句。该语句的执行过程如图 3.1（b）所示。例如：

```
if (a>b)    printf("%d",a);
else        printf("%d",b);
```

3．if_else_if 语句结构

if_else_if 语句结构用于有多个条件选择的程序设计，该结构也是以 if 开头，后面可以跟很多 else_if，这种结构的形式如下：

```
if     (表达式 1)          语句 1
else if(表达式 2)          语句 2
      ⋮                      ⋮
else if(表达式 n)          语句 n
else                       语句 n+1
```

该语句的执行过程如图 3.2 所示，表示在 n 个条件中，满足某一个条件执行某一个相应语句，这 n 个条件一个也不满足时，执行语句 n+1。如果没有语句 n+1，那么最后一个 else 可以省略，此时这个 if 结构将不执行任何操作。同样这里的语句也可以是复合语句。

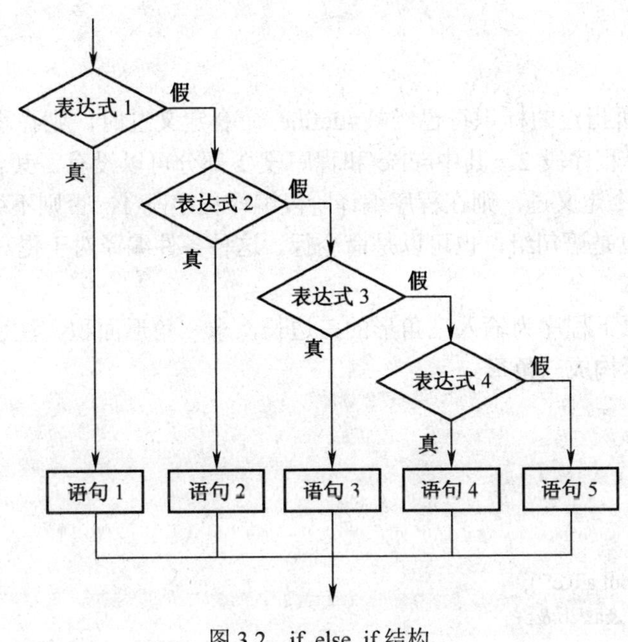

图 3.2　if_else_if 结构

说明：

（1）3 种形式的 if 语句中，在 if 后面都有“表达式”，该表达式一般为逻辑表达式或关系表达式。例如，if(a==b || x==y) printf("a=b,x=y");，在执行 if 语句时先对表达式求解，若表达式的值为 0，按“假”处理，若表达式的值为非 0，按“真”处理，执行指定的语句。

（2）第二、第三种形式的 if 语句中，在每个 else 前面有一个分号，整个语句结束处有一个分号。

（3）在 if 和 else 后面可以只含一个内嵌的操作语句，也可以有多个操作语句，此时用花括号“{}”将几个语句括起来成为一个复合语句。

4．if 语句的嵌套

在 if 语句中又包含一个或多个 if 语句称为 if 语句的嵌套。其一般形式如下：

```
if(表达式 1)
    if(表达式 2)  语句 1
    else 语句 2    内嵌 if 语句
else
    if(表达式 3)  语句 3
    else 语句 4    内嵌 if 语句
```

应当注意 if 与 else 的配对关系。else 总是与它上面的最近的 if 配对。

5．条件编译

一般情况下，源程序中所有的行都参加编译。但是在编译预处理命令中有时希望对其中一部分内容只在满足一定条件时才进行编译，也就是对一部分内容指定编译的条件，这就是“条件编译”。条件编译命令的基本形式如下：

```
#ifdef    标识符
    程序段 1
[#else
    程序段 2]
#endif
```

它的作用是当所指定的标识符已经被#define 命令定义过时，则在程序编译阶段只编译程序段 1，否则编译程序段 2。其中#else 和程序段 2 部分可以没有，其含义为所指定的标识符已经被#define 命令定义过，则在程序编译阶段编译程序段 1，否则不编译任何程序段。这里的“程序段”可以是语句组，也可以是命令行。这种条件编译对于提高 C 源程序的通用性很有好处。

【案例 3-2】以下程序为输入三角形的三边长，求三角形面积。注意，需要判断输入的三边长 a、b、c 能否构成三角形。

```
#include   "stdio.h"
#include   "math.h"
main()
{
   float a,b,c,p,area;
   printf("Please input a,b,c:");
   scanf("%f%f%f",&a,&b,&c);
   if(a+b>c&&b+c>a&&c+a>b)
   {
      p=1/2.0*(a+b+c);
      area=sqrt(p*(p-a)*(p-b)*(p-c));
      printf("area=%f\n",area);
   }
   if(!(a+b>c&&b+c>a&&c+a>b))        /*将该语句改为 else 也可以，即将两个并列的单分支结构
                                        改为二分支结构*/
   printf("It is not a trilateral");
}
```

【案例 3-3】输入 3 个数 a、b、c，要求按由小到大的顺序输出。

```
#include   "stdio.h"
main()
```

```
{
    float a,b,c,t;
    scanf("%f,%f,%f",&a,&b,&c);
    if(a>b)
    {t=a;a=b;b=t;}        /*实现 a 和 b 的互换*/
     if(a>c)
     {t=a;a=c;c=t;}
     if(b>c)
     {t=b;b=c;c=t;}
     printf("%5.2f,%5.2f,%5.2f",a,b,c);
}
```

2.2 switch 语句

switch 语句是多分支选择语句。switch 结构只有一个“条件”，但根据条件值的不同，程序可以转入不同的模块执行，因此称 switch 结构是多分支结构。其一般形式如下：

```
switch(表达式)
{
    case    常量表达式 1:  语句 1
    case    常量表达式 2:  语句 2
                 ⋮
    case    常量表达式 n:  语句 n
    default:  语句 n+1
}
```

常用的 switch 形式是每个 case 分支语句后面都有一个 break 语句（除语句 n+1 外）。执行 break 语句的作用是跳出 switch 结构，去执行该结构下面的语句；否则执行完一个 case 后面的语句后，不再进行判断，流程控制转移到下一个 case 语句继续执行。增加 break 语句后的格式如下：

```
switch(表达式)
{
    case    常量表达式 1:  语句 1; break;
    case    常量表达式 2:  语句 2; break;
                 ⋮
    case    常量表达式 n:  语句 n; break;
    default:  语句 n+1;
}
```

说明：

（1）switch 后面括号内的“表达式”，ANSI 标准允许它为任何类型。

（2）当表达式的值与某一个 case 后面的常量表达式的值相等时，就执行此 case 后面的语句；若所有的 case 中的常量表达式的值都没有与表达式的值匹配的，则执行 default 后面的语句。

（3）每一个 case 的常量表达式的值必须互不相同。

（4）各个 case 和 default 的出现次序不影响执行结果。

（5）多个 case 可以共用一组执行语句，如：

```
…
case   1 :
case   2 :
case   3 :   printf("A\n");break;
…
```

【案例 3-4】以下程序为输入单词首字母，输出相应单词；若找不到相应的单词，则输出“No def”。

```
#include   "stdio.h"
main()
{
    char c;
    scanf("%c",&c);
    switch(c)
    {
        case 'a':
            printf("Automation\n"); break;
        case 'c':
            printf("Compiler\n"); break;
        case 'd':
            printf("Document\n"); break;
        case 'e':
            printf("Element\n"); break;
        default :
            printf("No def.\n");
    }
}
```

知识点 3　循环结构程序设计

循环是指程序中的某一程序段（模块）需要被反复地执行。在许多问题中需要用到循环控制，几乎所有实用的程序都包含循环。循环结构也是结构化程序设计的基本成分之一。循环结构中被重复执行的语句或模块被称为循环体。在 C 语言中，主要有 3 种循环结构：while 循环结构、do_while 循环结构、for 循环结构。熟练掌握循环结构的概念及其使用是程序设计的最基本要求。

1．while 语句

while 语句用来实现“当型”循环结构。其一般形式如下：

```
while (表达式)
    语句
```

它的执行过程是：先判断表达式，当表达式的值为非 0（逻辑“真”）时，执行一次指定的循环体语句，然后返回重新判断表达式，如此反复，直到表达式的值等于 0 为止，此时循环结束。其执行流程如图 3.3 所示，其特点是：先判断表达式，后执行语句。

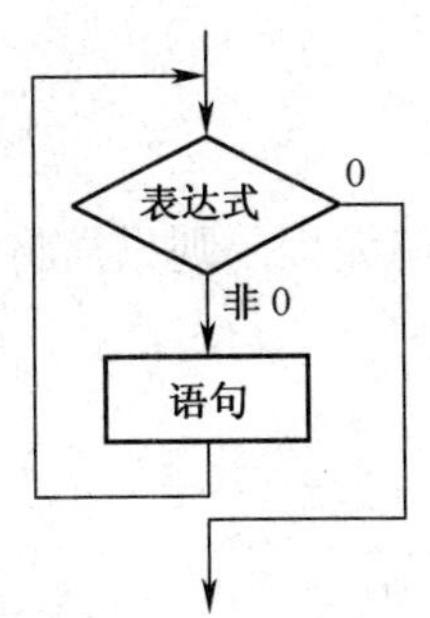

图 3.3　while 语句执行流程

需要注意：

（1）循环体如果包含一个以上的语句，应该用大括号括起来，以复合语句形式出现。如果不加大括号，则 while 语句的范围只到 while 后面的第一个分号处。

（2）在循环体中应有使循环趋向于结束的语句，如果无此语句，循环结构中的条件始终得不到改变，或者虽在改变，但始终不可能从一个状态跳到另一个状态，那么这种循环称为无限循环或“死循环”。一个合理的循环结构，最终应会使循环条件由一个状态转变为另一个状态，使循环正常终止。

2．do_while 语句

do_ while 语句也是用来实现“当型”循环的循环结构。其一般形式如下：

do
循环体语句
while (表达式);

它的执行过程是：先执行一次指定的循环体语句，然后判别表达式，当表达式的值为非 0（逻辑“真”）时，返回重新执行循环体语句，如此反复，直到表达式的值等于 0 为止，此时循环结束。可以用图 3.4 表示其流程，其特点是：先执行循环体，再判断循环条件是否成立。

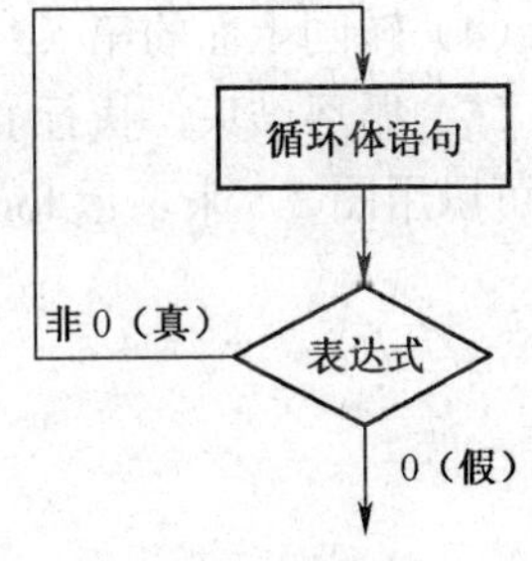

图 3.4　do_ while 语句执行流程

一般情况下，对同一个问题既可以用 while 语句处理，也可以用 do-while 语句处理。do_while 语句结构可以和 while 结构相互转换。只要 while 后面的表达式的第一次的值为“真”时，两种循环得到的结果就相同；否则只有 while 后面的表达式的第一次的值为“假”时，两种循环得到的结果才不相同（指二者具有相同的循环体的情况）。

【案例 3-5】以下是用 while 语句编程求 sum=1+2+3+…+100 之和。

```
#include "stdio.h"
main()
{
    int i,sum=0;
    i=1;
    while (i<=100)
    {
      sum=sum+i;
      i++;
```

```
    }
    printf("%d",sum);
}
```

若将以上程序改为用 do-while 语句编程，则只需将循环语句改为以下形式即可：

```
do
{
    sum=sum+i;
    i++;
} while(i<=100);
```

3．for 语句

C 语言中的 for 语句使用最为灵活，不仅可以用于循环次数已经确定的情况，而且可以用于循环次数不确定而只给出循环结束条件的情况，它完全可以代替 while 语句。for 语句的一般形式为：

for(表达式 1;表达式 2;表达式 3)
语句

for 语句中，表达式 1 也称初始化表达式，用来设定循环控制变量或其他变量的初值，若有多个变量需要初始化时，要使用逗号将其隔开；表达式 2 也称循环条件表达式，用来决定是否执行循环体，当表达式 2 的值为非 0 时，执行循环体，当表达式 2 的值为 0 时循环终止；表达式 3 的作用主要是用来修改循环控制变量，执行一次循环体后，求解一次表达式 3 的值。

它的执行过程如下：

（1）先求解表达式 1。

（2）求解表达式 2，若其值为真（值为非 0），则执行 for 语句中指定的内嵌语句，然后执行下面的第（3）步；若为假（值为 0），则结束循环，转到第（5）步。

（3）求解表达式 3。

（4）转回上面的第（2）步继续执行。

（5）循环结束，执行 for 语句下面的一个语句。

可以用图 3.5 来表示 for 语句的执行过程。

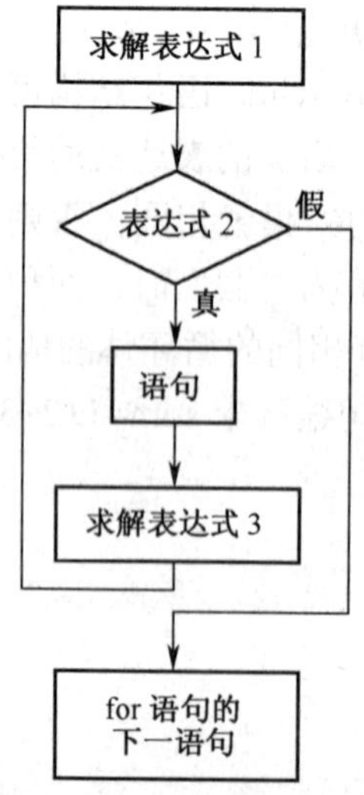

图 3.5　for 语句的执行流程

说明：

（1）for 语句一般形式中的“表达式 1”可以省略，此时应在 for 语句之前给循环变量赋初值。注意省略表达式 1 时，其后的分号不能省略。

（2）如果表达式 2 省略，即不判断循环条件，循环将无终止地进行下去。此时需要在循环体中增加判断循环是否结束的语句，才能使循环继续执行。

（3）表达式 3 也可以省略，但此时程序设计者应另外设法保证循环能正常结束。

（4）3 个表达式都可省略，如：

for(;;) 语句

即不设初值、不判断条件、循环变量不修改，无终止地执行循环体。

（5）表达式 1 可以是设置循环变量初值的赋值表达式，也可以是与循环变量无关的其他表达式；表达式 3 也可以是与循环控制无关的任意表达式。

【案例 3-6】用 for 循环结构判断整数 m 是否为素数。

```
#include  "stdio.h"
main()
{
    int m,c;
    scanf("%d",&m);
    for(c=2;m%c;c++);
      if(c==m)
          printf("%d is a prime number.\n",m);
      else
          printf("%d is not a prime number.\n",m);
}
```

4．循环嵌套

一个循环体内又包含另一个完整的循环结构，称为循环的嵌套。内嵌的循环中还可以嵌套循环，这就是多层循环。

3 种循环（while 循环、do_while 循环和 for 循环）可以互相嵌套。例如，下面几种都是合法的形式：

（1）
```
while( )
{
  ...
  while( )
   {...}
}
```
（2）
```
do
{
   ...
   do
     {... }
   while( );
  }
while( );
```
（3）
```
for(;;)
{
```

```
        for(; ;)
            {…}
    }
（4）while()
    {
        …
        do
          {…}
        while( );
            …
    }
（5）for(; ;)
    {
        …
        while( )
            {  }
             …
    }
（6）do
    {
        …
        for (; ;)
            {   }
    }
    while(   );
```

5．几种循环的比较

（1）3 种循环都可以用来处理同一问题，一般情况下它们可以互相代替。

（2）while 和 do_while 循环，只在 while 后面指定循环条件，在循环体中应包含使循环趋于结束的语句（如 i++等）。for 循环可以在表达式 3 中包含使循环趋于结束的操作。

（3）用 while 和 do_while 循环时，循环变量初始化的操作应在 while 和 do_while 语句之前完成。而 for 语句可以在表达式 1 中实现循环变量的初始化。

（4）while 循环、do_while 循环和 for 循环，可以用 break 语句跳出循环，用 continue 语句结束本次循环。

6．break 语句

该语句的一般形式为：

break;

使用 break 语句不但可以使流程跳出 switch 结构，还可以用来从循环体内跳出，即提前结束循环，接着执行循环下面的语句。

7．continue 语句

该语句的一般形式为：

continue;

其作用是结束本次循环，即跳过循环体中下面尚未执行的语句，接着进行下一次是否执行循环的判定。

continue 语句和 break 语句的区别是：continue 语句只结束本次循环，而不是终止整个循环的执行；而 break 语句则是结束整个循环过程，不再判断执行循环的条件是否成立。

【案例 3-7】把 100～200 之间不能被 3 整除的数输出。

```
#include  "stdio.h"
main()
{
   int n;
   for (n=100;n<=200;n++)
        {
          if (n%3==0)     continue;
          printf("%d",n);
        }
 }
```

习题 3

一、选择题

1．if 语句形式不正确的选项是（　）。

A．if(a==b || a==c) printf("****");

B．if('a') printf("****");

C．if(a!=b) {a++;b--;}

D．if(a<b) printf("%d",&a)　else　printf("%d",&b);

2．在嵌套的 if 语句中，else 应与（　）配对。

A．第一个 if 语句

B．它上面的最近的且未曾配对的 if 语句

C．最近的 if 语句

D．占有相同列位置的 if 语句

3．以下程序的输出结果是（　）。

```
void main()
{
    int   a=2,b=-1,c=2;
    if(a<b)
        if(b<0)     c=0;
        else        c+=1;
    printf("%d\n",c);
}
```

A．0　　B．1　　C．2　　D．3

4．设 ch 的值为字符 3，则以下程序片段执行的结果是（　）。

```
switch(ch)
{
    case '1' : printf("First\n");
```

```
        case '2' : printf("Second\n");
        case '3' : printf("Third\n");break;
        case '4' : printf("Fourth\n");
        default : printf("Error\n");
    }
```

A．Third
Error　　B．Third
Fourth
Error　　C．Third　　D．Error

5．以下程序执行的结果是（　）。

```
void main()
{
    int  y=10;
    while(y--);  printf("y=%d\n",y);
}
```

A．y=0　　B．y=-1

C．y=1　　D．while 构成无限循环

6．以下程序运行的结果是（　）。

```
#include  <stdio.h>
void  main()
{
    int  y=9;
    for(;y>0;y--)
        if(y%3==0)   printf("%d",--y);
}
```

A．741　　B．963　　C．852　　D．875421

7．以下程序运行的结果是（　）。

```
#include  <stdio.h>
void  main()
{
    int  i,j,m=55;
    for(i=1;i<=3;i++)
      for(j=3;j<=i;j++)   m=m%j;
    printf("%d\n",m);
}
```

A．0　　B．1　　C．2　　D．3

二、填空题

1．以下程序运行的结果是________。

```
main()
{
    int  a=0,b=0;
    a=10; b=20;
    printf("a+b=%d\n",a+b);
}
```

2．以下程序运行时，从键盘输入数据 3，其结果为________。

```
main()
{
    int   x,y;
    scanf("%d",&x);
    if(x<0)              y=-1;
    else   if(x==0)   y=-1;
             else          y=1;
    printf("%d,%d\n",x,y);
}
```

3．以下程序运行的结果是________。

```
main()
{
    int   k=5;
    while(--k)     printf("%d",k-=3);
    printf("\n");
}
```

4．以下程序运行的结果是________。

```
main()
{
    int   k;
    for(k='a';k<'f';k++,k++)      printf("%c",k-'a'+'A');
    printf("\n");
}
```

5．以下程序运行的结果是________。

```
main()
{
    int   x1=10,x2=5,x3=5,x4=5;
    int   a=0,b=0,c=0;
    for(;x1>x2;++x2) a++;
    while(x1>++x3)   b++;
    do     c++;   while(x1>x4++);
    printf("a=%d,b=%d,c=%d\n",a,b,c);
}
```

三、编程题

1．有 3 个整数 a、b、c，由键盘输入，输出其中最大的数。

2．给出一百分制成绩，要求输出成绩等级'A'、'B'、'C'、'D'、'E'，其中 90 分以上为'A'，80～89 分为'B'，70～79 分为'C'，60～69 分为'D'，60 分以下为'E'。

3．求 fibonacci 数列的前 40 个数。这个数列有如下特点：第 1、2 两个数均为 1，从第 3 个数开始以后每个数都是其前面两个数之和。

4．求 100～200 间的全部素数。

5．求 Sn=a+aa+aaa+…+aa…a（n 个 a）之值，其中 a 是一个数字。例如 2+22+222+2222+22222（此时 n=5），n 由键盘输入。

6．打印出所有的“水仙花数”。所谓“水仙花数”是指一个 3 位数，其各位数字立方和等于该数本身。例如，153 是一个水仙花数，因为 $153=1^3+5^3+3^3$。

第 4 章　数组

知识点 1　数组的概念

在程序设计中，为了处理方便，把具有相同类型的若干变量按有序的形式组织起来。这些按序排列的同类数据元素的集合称为数组。在 C 语言中，数组属于构造数据类型。一个数组可以分解为多个数组元素，这些数组元素可以是基本数据类型也可以是构造类型。因此按数组元素的类型不同，数组又可分为数值数组、字符数组、指针数组、结构体数组等。

在 C 语言中使用数组必须先进行类型说明，然后再使用。

知识点 2　一维数组

2.1　一维数组的定义

定义格式为：

类型说明符 数组名[常量表达式];

其中，类型说明符是任意一种基本数据类型或构造数据类型；数组名是用户定义的数组标识符；方括号中的常量表达式表示数据元素的个数，也称为数组的长度。

例如：

```
int a[10];              /*说明整型数组 a，有 10 个元素。*/
float b[10],c[20];      /*说明实型数组 b，有 10 个元素，实型数组 c，有 20 个元素。*/
char ch[20];            /*说明字符数组 ch，有 20 个元素。*/
```

对于数组类型说明应注意以下几点：

（1）数组的类型实际上是指数组元素的取值类型。对于同一个数组，其所有元素的数据类型都是相同的。

（2）数组名的书写规则应符合标识符的书写规定。

（3）数组名在同一函数中不能与其他变量名相同。

（4）方括号中的常量表达式表示数组元素的个数，如 a[5]表示数组 a 有 5 个元素。但是其下标从 0 开始计算。因此 5 个元素分别为 a[0]、a[1]、a[2]、a[3]、a[4]。

（5）不能在方括号中用变量来表示元素的个数，但是可以是符号常数或常量表达式。例如：

```
#define FD 5
void main()
{
    int a[3+2],b[7+FD];
    …
}
```

是合法的，但是下述说明方式是错误的：

```
void main()
{
    int n=5;
    int a[n];
    …
}
```

（6）允许在同一个类型说明中说明多个数组和多个变量。例如：

```
int a,b,c,d,k1[10],k2[20];
```

2.2　一维数组元素的使用

数组元素是组成数组的基本单元。数组元素也是一种变量，其标识方法为数组名后跟一个下标。下标表示了元素在数组中的顺序号。

数组元素的一般形式为：

数组名[下标]

其中的下标只能为整型常量或整型表达式。如为小数时，C 编译将自动取整。例如，a[5]、a[i+j]、a[i++]都是合法的数组元素。数组元素通常也称为下标变量。必须先定义数组，才能使用下标变量。在 C 语言中只能逐个地使用下标变量，而不能一次引用整个数组。

例如，输出有 10 个元素的数组必须使用循环语句逐个输出各下标变量：

```
for(i=0; i<10; i++)
     printf("%d",a[i]);
```

而不能用一个语句输出整个数组，下面的写法是错误的：

```
printf("%d",a);     /*假设 a 为数组名*/
```

【案例 4-1】数组使用举例。

```
#include   "stdio.h"
void main()
{
    int i,a[10];
    for(i=0;i<10;i++)
        a[i]=2*i+1;
    for(i=9;i>=0;i--)
        printf("%d",a[i]);
    printf("\n%d %d\n",a[5.2],a[5.8]);     /*在有的系统中不能使用 a[5.2]等小数下标形式*/
}
```

本案例中用一个循环语句给 a 数组的各元素送入奇数值，然后用第二个循环语句从大到小输出各个奇数。C 语言允许用表达式表示下标。程序中最后一个 printf 语句输出了两次 a[5]的值，可以看出当下标不为整数时将自动取整。

给数组赋值的方法除了用赋值语句对数组元素逐个赋值外，还可以采用初始化赋值和动态赋值的方法。数组初始化赋值是指在数组说明时给数组元素赋予初值。数组初始化是在编译阶段进行的。这样将减少运行时间，提高效率。

初始化赋值的一般形式为：

[static] 类型说明符 数组名[常量表达式]={值 1,值 2,…,值 n};

其中 static 表示是静态存储类型，在{ }中的各数据值即为各元素的初值，各值之间用逗号间隔。例如：

```
static int a[10]={ 0,1,2,3,4,5,6,7,8,9 };
```

相当于

```
a[0]=0;a[1]=1;...;a[9]=9;
```

C 语言对数组的初始赋值还有以下几点规定：

（1）可以只给部分元素赋初值。当{ }中值的个数少于元素个数时，只给前面部分元素赋值。例如 static int a[10]={0,1,2,3,4};表示只给 a[0]～a[4]五个元素赋值，而后 5 个元素自动赋 0 值。

（2）只能给元素逐个赋值，不能给数组整体赋值。例如给 10 个元素全部赋 1 值，只能写为：static int a[10]={1,1,1,1,1,1,1,1,1,1};，而不能写为：static int a[10]=1;，但可以用循环重复赋值。

（3）如定义时不给数组赋初值，则全部元素均为 0 值。

（4）如给全部元素赋值，则在数组说明中可以不给出数组元素的个数。例如 static int a[5]={1,2,3,4,5};也可写为 static int a[]={1,2,3,4,5};。

可以在程序执行过程中对数组作动态赋值，这时可以用循环语句配合 scanf 函数逐个对数组元素赋值。

【案例 4-2】求一个数组中的最大值。

```
#include   "stdio.h"
void main()
{
    int i,max,a[10];
    printf("input 10 numbers:\n");
    for(i=0;i<10;i++)
        scanf("%d",&a[i]);
    max=a[0];
    for(i=1;i<10;i++)
        if(a[i]>max) max=a[i];
    printf("maxmum=%d\n",max);
}
```

本案例程序中第一个 for 语句逐个输入 10 个数到数组 a 中，然后把 a[0]送入 max 中。在第二个 for 语句中，从 a[1]到 a[9]逐个与 max 中的内容比较，若比 max 的值大，则把该下标变量送入 max 中，因此 max 总是在已比较过的下标变量中为最大者。比较结束，输出 max 的值。

【案例 4-3】选择排序。

```
#include   "stdio.h"
void main()
{
    int i,j,p,q,t,a[10];
    printf("\n input 10 numbers:\n");
    for(i=0;i<10;i++)
```

```
        scanf("%d",&a[i]);
    for(i=0;i<10;i++)
    {
        p=i;q=a[i];
        for(j=i+1;j<10;j++)
            if(q<a[j]) { p=j;q=a[j]; }
        if(i!=p)
        {
            t=a[i];
            a[i]=a[p];
            a[p]=t;
        }
      printf("%d",a[i]);
    }
}
```

本案例程序中用了两个并列的 for 循环语句，在第二个 for 语句中又嵌套了一个循环语句：第一个 for 语句用于输入 10 个元素的初值；第二个 for 语句用于排序。本程序的排序采用逐个比较的方法进行。在 i 次循环时，把第一个元素的下标 i 赋予 p，而把该下标变量的值 a[i]赋予 q。然后进入内循环，从 a[i+1]起到最后一个元素止逐个与 a[i]作比较，有比 a[i]大者则将其下标送 p，元素值送 q。一次循环结束后，p 即为最大元素的下标，q 则为该元素值。若此时 i≠p，说明 p、q 值均已不是进入内循环之前所赋的值，则交换 a[i]和 a[p]的值。此时 a[i]为已排序完毕的元素。输出该值之后转入下一次循环。对 i+1 以后的各个元素进行排序。

把一个整数按大小顺序插入已排好序的数组中。为了把一个数按大小插入已排好序的数组中，应首先确定排序是从大到小还是从小到大进行的。设排序是从大到小进行的，即可把欲插入的数与数组中的各数逐个比较，当找到第一个比插入数小的元素 i 时，该元素之前即为插入位置。然后从数组最后一个元素开始到该元素为止，逐个后移一个单元。最后将插入数赋予元素 i 即可。如果被插入数比所有的元素值都小，则插入到最后位置。

【案例 4-4】在排好序的数组中插入数据。

```
#include   <stdio.h>
void main()
{
    int i,j,p,q,t,n,a[11]={127,3,6,28,54,68,87,105,162,18};
    for(i=0;i<10;i++)
    {
        p=i;q=a[i];
        for(j=i+1;j<10;j++)
            if(q<a[j]) {p=j;q=a[j];}
            if(p!=i)
            {
                t=a[i];
                a[i]=a[p];
                a[p]=t;
            }
```

```
        printf("%d ",a[i]);
    }
    printf("\ninput number:\n");
    scanf("%d",&n);
    for(i=0;i<10;i++)
      if(n>a[i])
      {
          for(t=9;t>=i;t--) a[t+1]=a[t];
          break;
      }
    a[i]=n;
    for(i=0;i<=10;i++)
    printf("%d ",a[i]);
    printf("\n");
}
```

本案例程序首先对数组 a 中的 10 个数从大到小排序并输出排序结果，然后输入要插入的整数 n。再用一个 for 语句把 n 和数组元素逐个进行比较，如果发现有 n>a[i]时，则由一个内循环把 i 以下各元素值顺次后移一个单元。后移应从后向前进行（从 a[9]开始到 a[i]为止）。后移结束，跳出外循环。插入点为 i，把 n 赋予 a[i]即可。如所有的元素均大于被插入数，则并未进行过后移工作。此时 i=10，结果是把 n 赋予 a[10]。最后一个循环输出插入数后的数组各元素值。程序运行时，输入数 47。从结果中可以看出 47 已插入到 54 和 28 之间。

知识点 3　二维数组

3.1　二维数组的定义

前面介绍的数组只有一个下标，称为一维数组，其数组元素也称为单下标变量。在实际问题中有很多量是二维的或多维的，因此 C 语言允许构造多维数组。多维数组元素有多个下标，以标识它在数组中的位置，所以也称为多下标变量。本节只介绍二维数组，多维数组可由二维数组类推而得到。

二维数组类型说明的一般形式是：

类型说明符 数组名[常量表达式 1][常量表达式 2];

其中常量表达式 1 表示第一维下标的长度，常量表达式 2 表示第二维下标的长度。例如：

```
int a[3][4];
```

说明了一个三行四列的数组，数组名为 a，其下标变量的类型为整型。该数组的下标变量共有 3×4 个，即：

a[0][0]，a[0][1]，a[0][2]，a[0][3]
a[1][0]，a[1][1]，a[1][2]，a[1][3]
a[2][0]，a[2][1]，a[2][2]，a[2][3]

二维数组在概念上是二维的，也就是说其下标在两个方向上变化，下标变量在数组中的位置也处于一个平面之中，而不是像一维数组只是一个向量。但是，实际的硬件存储器却是连续编址的，也就是说存储器单元是按一维线性排列的。如何在一维存储器中存放二维数组呢，可以有两种方式：一种是按行排列，即放完一行之后顺次放入第二行；另一种是按列排列，即放完一列之后再顺次放入第二列。在 C 语言中，二维数组是按行排列的。在上述 3×4 二维数组中，按行顺次存放，先存放 a[0]行，再存放 a[1]行，最后存放 a[2]行。每行中有 4 个元素，也是依次存放。由于数组 a 说明为 int 类型，该类型占两个字节的内存空间（TC 环境），所以每个元素均占用两个字节。

3.2 二维数组元素的表示方法

二维数组的元素也称为双下标变量。其表示的形式为：

数组名[下标 1][下标 2]

其中下标应为整型常量或整型表达式。

例如 a[3][4] 表示 a 数组三行四列的元素。下标变量和数组说明在形式中有些相似，但这两者具有完全不同的含义。数组说明的方括号中给出的是某一维的长度，即可取下标的最大值；而数组元素中的下标是该元素在数组中的位置标识。前者只能是常量，后者可以是常量、变量或表达式。

【案例 4-5】二维数组应用示例。

一个学习小组有 5 个人，每个人有 3 门课的考试成绩，如表 4.1 所示。求全组分科的平均成绩和各科总平均成绩。

表 4.1

课程 姓名	Math	C	dBASE
张明	80	75	92
王强	61	65	71
李显	59	63	70
赵刚	85	87	90
周军	76	77	85

可以设一个二维数组 a[5][3]存放 5 个人 3 门课的成绩，再设一个一维数组 v[3]存放所求得的各分科平均成绩，设变量 aver 为全组各科总平均成绩。

编程如下：

```
#include  "stdio.h"
void main()
{
    int i,j,s=0,aver,v[3],a[5][3];
    printf("input score\n");
    for(i=0;i<3;i++)
    {
        for(j=0;j<5;j++)
        {
            scanf("%d",&a[j][i]);
            s=s+a[j][i];
```

```
        }
        v[i]=s/5;
          s=0;
      }
      aver=0;
      for(i=0;i<3;i++)
          aver+=v[i];
      aver= aver/3;
      printf("Math:%d\nC Languag:%d\nDbase:%d\n",v[0],v[1],v[2]);
      printf("Total:%d\n",aver);
}
```

本案例程序中首先用了一个双重循环。在内循环中依次读入某一门课程各个学生的成绩，并把这些成绩累加起来，退出内循环后再把该累加成绩除以 5 送入 v[i]中，这就是该门课程的平均成绩。外循环共循环 3 次，分别求出 3 门课各自的平均成绩并存放在 v 数组之中。退出外循环之后，把 v[0]、v[1]、v[2]相加除以 3 即得到各科总平均成绩。最后按题意输出各个成绩。当然也可以将平均成绩设为实型数据，请对程序作相应修改。

3.3 二维数组的初始化

二维数组初始化也是在类型说明时给各下标变量赋以初值。二维数组可以按行分段赋值，也可以按行连续赋值。

例如，对数组 a[5][3] 初始化：

（1）按行分段赋值可写为：

```
static int a[5][3]={ {80,75,92},{61,65,71},{59,63,70}, {85,87,90},{76,77,85}};
```

（2）按行连续赋值可写为：

```
static int a[5][3]={ 80,75,92,61,65,71,59,63,70,85,87,90, 76,77,85};
```

这两种赋初值的结果是完全相同的。

【案例 4-6】二维数组应用示例。

```
#include   "stdio.h"
void main()
{
    int i,j,s=0,aver,v[3];
    static int a[5][3]={ {80,75,92},{61,65,71},{59,63,70},{85,87,90},{76,77,85} };
    for(i=0;i<3;i++)
    {
        for(j=0;j<5;j++)
            s=s+a[j][i];
        v[i]=s/5;
        s=0;
    }
    aver=0;
    for(i=0;i<3;i++)
        aver+=v[i];
    aver= aver/3;
    printf("Math:%d\nC Languag:%d\nDbase:%d\n",v[0],v[1],v[2]);
    printf("total:%d\n",aver);
}
```

【案例 4-7】 在二维数组 a 中选出各行最大的元素组成一个一维数组 b。

a={{3,16,87,65},{4,32,11,108},{10,25,12,37}}

b=(87 108 37)

本题的编程思路是，在数组 a 的每一行中寻找最大的元素，找到后把该值赋予数组 b 的相应元素。程序如下：

```
#include    <stdio.h>
void main()
{
    static int a[][4]={3,16,87,65,4,32,11,108,10,25,12,27};
    int b[3],i,j,k;
    for(i=0;i<=2;i++)
    {
        k=a[i][0];
        for(j=1;j<=3;j++)
            if(a[i][j]>l) k=a[i][j];
            b[i]=k;
    }
    printf("\narray a:\n");
    for(i=0;i<=2;i++)
    {
       for(j=0;j<=3;j++)
           printf("%5d",a[i][j]);
       printf("\n");
    }
    printf("\narray b:\n");
    for(i=0;i<=2;i++)
        printf("%5d",b[i]);
    printf("\n");
}
```

程序中第一个 for 语句中又嵌套一个 for 语句组成了双重循环。外循环控制逐行处理，并把每行下标为 0 的列元素赋予 k。进入内循环后，把 k 与后面各列的元素比较，并把比 k 大者赋予 k。内循环结束时 k 即为该行最大的元素，然后把 k 值赋予 b[i]。等外循环全部完成时，数组 b 中已装入了 a 各行中的最大值。后面的两个 for 语句分别输出数组 a 和数组 b。

对于二维数组初始化赋值还有以下说明：

（1）可以只对部分元素赋初值，未赋初值的元素自动取 0 值。

例如 static int a[3][3]={{1},{2},{3}}; 是对每一行的第一列元素赋值，未赋值的元素取 0 值。赋值后各元素的值为 1 0 0 2 0 0 3 0 0。又如 static int a [3][3]={{0,1},{0,0,2},{3}};，赋值后的元素值为 0 1 0 0 0 2 3 0 0。

（2）如对全部元素赋初值，则第一维的长度可以不给出。例如：

```
static int a[3][3]={1,2,3,4,5,6,7,8,9};
```

也可以写为：

```
static int a[][3]={1,2,3,4,5,6,7,8,9};
```

数组是一种构造类型的数据。二维数组可以看做是由一维数组的嵌套而构成的。设一维数组的每个元素又都是一个数组，就组成了二维数组。当然，前提是各元素类型必须相同。根据这样的分析，一个二维数组也可以分解为多个一维数组。C 语言允许这种分解。例如有二维数组 a[3][4]，可分解为 3 个一维数组，其数组名分别为 a[0]、a[1]、a[2]。对这 3 个一维数组不需要另作说明即可使用。这 3 个一维数组都有 4 个元素，例如一维数组 a[0]的元素为 a[0][0]、a[0][1]、a[0][2]、a[0][3]。必须强调的是，a[0]、a[1]、a[2]不能当作下标变量使用，它们是数组名，不是一个单纯的下标变量。

知识点 4　字符数组

用来存放字符量的数组称为字符数组。字符数组类型说明的形式与前面介绍的数值数组相同。例如 char c[10];，由于字符型和整型数据在一定范围内通用，也可以定义为 int c[10];，但这时每个数组元素占 2 个字节的内存单元（TC 环境）。字符数组也可以是二维数组或多维数组，例如 char c[5][10];即为二维字符数组。

字符数组也允许在类型说明时进行初始化赋值。例如：

```
static char c[10]={ 'c', ' ' , 'p', 'r', 'o', 'g', 'r', 'a', 'm'};
```

赋值后各元素的值为：c[0]= 'c'，c[1]= ' '，c[2]= 'p'，c[3]= 'r'，c[4]= 'o'，c[5]= 'g'，c[6]= 'r'，c[7]= 'a'，c[8]= 'm'。

其中 c[9]未赋值，由系统自动赋予 0 值。

当对全体元素赋初值时也可以省去长度说明。例如：

```
static char c[]={'c', ' ', 'p', 'r', 'o', 'g', 'r', 'a', 'm'};
```

这时 c 数组的长度自动定为 9。

【案例 4-8】字符数组使用示例。

```
#include   "stdio.h"
void main()
{
    int i,j;
    char a[][5]={{'B','A','S','I','C'},{'d','B','A','S','E'}};
    for(i=0;i<=1;i++)
    {
        for(j=0;j<=4;j++)
        printf("%c",a[i][j]);
        printf("\n");
    }
}
```

本案例的二维字符数组由于在初始化时全部元素都赋予初值，因此一维下标的长度可以不加以说明。在 C 语言中没有专门的字符串变量，通常用一个字符数组来存放一个字符串。

注意　字符串总是以'\0'作为串的结束符。因此当把一个字符串存入一个数组时，也把结束符'\0'存入数组，并以此作为该字符串是否结束的标志。有了'\0'标志后，就不必再用字符数组的长度来判断字符串的长度了。

C 语言允许用字符串的方式对数组进行初始化赋值。例如：

```
static char c[]={'c', ' ','p','r','o','g','r','a','m'};
```

也可写为：

```
static char c[]={"c program"};
```

或去掉{}写为：

```
sratic char c[]="c program";
```

用字符串方式赋值比用单个字符逐个赋值要多占一个字节，用于存放字符串结束标志'\0'。上面的数组 c 在内存中的实际存放情况为：c program\0。其中'\0'是由 C 编译系统自动加上的。由于采用了'\0'标志，所以在用字符串赋初值时一般无须指定数组的长度，而由系统自行处理。在采用字符串方式后，字符数组的输入输出将变得简单方便。除了上述用字符串赋初值的方法外，还可以用 printf 函数和 scanf 函数一次性输出输入一个字符数组中的字符串，而不必使用循环语句逐个地输入输出每个字符。

如：

```
#include   <stdio.h>
void main()
{
    static char c[]="BASIC\ndBASE";
    printf("%s\n",c);
}
```

注意在本例的 printf 函数中，使用的格式字符串为“%s”，表示输出的是一个字符串。而在输出表列中给出数组名即可，不能写为：printf("%s",c[]);。

【案例 4-9】字符数组使用示例。

```
#include   "stdio.h"
void main()
{
    char st[15];
    printf("input string:\n");
    scanf("%s",st);
    printf("%s\n",st);
}
```

本案例中由于定义数组长度为 15，因此输入的字符串长度必须小于 15，以留出一个字节用于存放字符串结束标志'\0'。应该说明的是，对一个字符数组，如果不作初始化赋值，则必须说明数组长度。还应该特别注意的是，当用 scanf 函数输入字符串时，字符串中不能含有空格，否则将以空格作为串的结束符。例如运行案例 4-9，当输入的字符串中含有空格时，运行情况为：

```
input string:
this is a book
this
```

从输出结果可以看出空格以后的字符都未能输出。为了避免这种情况，可以多设几个字符数组分段存放含空格的串。程序可改写为案例 4-10 的形式。

【案例 4-10】改写案例 4-9 程序。

```
#include   "stdio.h"
void main()
{
    char st1[6],st2[6],st3[6],st4[6];
    printf("input string:\n");
```

```
    scanf("%s%s%s%s",st1,st2,st3,st4);
    printf("%s %s %s %s\n",st1,st2,st3,st4);
}
```

本案例程序分别设了 4 个数组，输入的一行字符的空格分段分别装入 4 个数组。然后分别输出这 4 个数组中的字符串。在前面介绍过，scanf 的各输入项必须以地址方式出现，如&a、&b 等。但在案例 4-9 和案例 4-10 中却是以数组名方式出现的，这是为什么呢？这是由于在 C 语言中规定，数组名就代表了该数组的首地址。整个数组是以首地址开头的一块连续的内存单元。如有字符数组 char c[10]，设数组 c 的首地址为 2000，也就是说 c[0]单元地址为 2000，则数组名 c 就代表这个首地址。因此在 c 前面不能再加地址运算符&，如写作 scanf("%s",&c);则是错误的。在执行函数 printf("%s",c)时，按数组名 c 找到首地址，然后逐个输出数组中的各个字符直到遇到字符串终止标志'\0'为止。

知识点 5　字符串常用函数

C 语言提供了丰富的字符串处理函数，这些函数大致可分为字符串的输入、输出、合并、修改、比较、转换、复制、搜索几类。使用这些函数可大大减轻编程的负担。用于输入输出的字符串函数，在使用前应包含头文件"stdio.h"；使用其他字符串函数前则应包含头文件"string.h"。

下面介绍几个最常用的字符串函数。

1．字符串输出函数 puts

格式：**puts (字符数组名);**

功能：把字符数组中的字符串输出到标准输出设备，如显示器，即在屏幕上显示该字符串。例如：

```
#include  "stdio.h"
main()
{
    static char c[]="BASIC\ndBASE";
    puts(c);
}
```

从程序中可以看出，puts 函数中可以使用转义字符，因此输出结果成为两行。puts 函数完全可以由 printf 函数取代。当需要按一定格式输出时，通常使用 printf 函数。

2．字符串输入函数 gets

格式：**gets (字符数组名);**

功能：从标准输入设备键盘上输入一个字符串。本函数得到一个函数值，即为该字符数组的首地址。例如：

```
#include  "stdio.h"
void main()
{
    char st[15];
    printf("input string:\n");
    gets(st);
```

```
    puts(st);
}
```

可以看出当输入的字符串中含有空格时，输出仍为全部字符串。说明 gets 函数并不以空格作为字符串输入结束的标志，而只以回车作为输入结束。这是与 scanf 函数的不同。

3．字符串连接函数 strcat

格式：**strcat (字符数组名 1,字符数组名 2);**

功能：把字符数组 2 中的字符串连接到字符数组 1 中的字符串的后面，并删去字符串 1 后的串标志'\0'。本函数返回值是字符数组 1 的首地址。例如：

```
#include    <stdio.h>
#include    "string.h"
void main()
{
    static char st1[30]="My name is ";
    char st2[10];
    printf("input your name:\n");
    gets(st2);
    strcat(st1,st2);
    puts(st1);
}
```

本程序把初始化赋值的字符数组与动态赋值的字符串连接起来。要注意的是，字符数组 1 应定义足够的长度，否则不能全部装入被连接的字符串。

4．字符串拷贝函数 strcpy

格式：**strcpy (字符数组名 1,字符数组名 2);**

功能：把字符数组 2 中的字符串拷贝到字符数组 1 中。串结束标志'\0'也一同拷贝。字符数组名 2 也可以是一个字符串常量，这时相当于把一个字符串赋予一个字符数组。

```
#include    <stdio.h>
#include    "string.h"
void main()
{
    static char st1[15],st2[]="C Language";
    strcpy(st1,st2);
    puts(st1);
    printf("\n");
}
```

本函数要求字符数组 1 应有足够的长度，否则不能全部装入所拷贝的字符串。

5．字符串比较函数 strcmp

格式：**strcmp(字符数组名 1,字符数组名 2);**

功能：对于字符型的数据按照 ASCII 码顺序比较两个数组中的字符串，并由函数返回值返回比较结果；若为汉字则按拼音字母次序比较，字母在前的值小，在后面的值大。

字符串 1=字符串 2，返回值=0；

字符串 1>字符串 2，返回值>0；

字符串 1<字符串 2，返回值<0。

本函数也可用于比较两个字符串常量，或者比较数组和字符串常量。

```
#include  <stdio.h>
#include  "string.h"
void main()
{
    int k;
    static char st1[15],st2[]="C Language";
    printf("input a string:\n");
    gets(st1);
    k=strcmp(st1,st2);
    if(k==0) printf("st1=st2\n");
    if(k>0) printf("st1>st2\n");
    if(k<0) printf("st1<st2\n");
}
```

本程序中把输入的字符串和数组 st2 中的串进行比较，比较结果返回到 k 中，根据 k 值再输出结果提示串。当输入为 dBASE 时，由 ASCII 码可知“dBASE”大于“C Language”，故 k>0，输出结果“st1>st2”。

6．测字符串长度函数 strlen

格式：**strlen(字符数组名);**

功能：测字符串的实际长度（不含字符串结束标志'\0'）并作为函数返回值。

```
#include  <stdio.h>
#include  "string.h"
void main()
{
    int k;
    static char st[]="C language";
    k=strlen(st);
    printf("The lenth of the string is %d\n",k);
}
```

【案例 4-11】输入 5 个国家的名称，按字母顺序排列输出。

本题编程思路如下：5 个国家名应由一个二维字符数组来处理。然而 C 语言规定可以把一个二维数组当成多个一维数组处理。因此本题又可以按 5 个一维数组处理，而每一个一维数组就是一个国家名字符串。用字符串比较函数比较各一维数组的大小并排序，输出结果即可。

编程如下：

```
#include  <stdio.h>
#include  "string.h"
void main()
{
    char st[20],cs[5][20];
    int i,j,p;
    printf("input country's name:\n");
    for(i=0;i<5;i++)
      gets(cs[i]);
```

```
    printf("\n");
  for(i=0;i<5;i++)
  {
    p=i;strcpy(st,cs[i]);
    for(j=i+1;j<5;j++)
    if(strcmp(cs[j],st)<0) {p=j;strcpy(st,cs[j]);}
    if(p!=i)
    {
        strcpy(st,cs[i]);
        strcpy(cs[i],cs[p]);
        strcpy(cs[p],st);
    }
    puts(cs[i]);}printf("\n");
  }
}
```

本程序的第一个 for 语句中，用 gets 函数输入 5 个国家名字符串。上面说过 C 语言允许把一个二维数组按多个一维数组处理，本程序说明 cs[5][20]为二维字符数组，可分为 5 个一维数组 cs[0]、cs[1]、cs[2]、cs[3]、cs[4]。因此在 gets 函数中使用 cs[i]是合法的。在第二个 for 语句中又嵌套了一个 for 语句组成双重循环。这个双重循环完成按字母顺序排序的工作。在外层循环中把字符数组 cs[i]中的国名字符串拷贝到数组 st 中，并把下标 i 赋予 p。进入内层循环后，把 st 与 cs[i]以后的各字符串作比较，若有比 st 小者则把该字符串拷贝到 st 中，并把其下标赋予 p。内循环完成后如 p 不等于 i 说明有比 cs[i]更小的字符串出现，因此交换 cs[i]和 st 的内容。至此已确定了数组 cs 的第 i 号元素的排序值。然后输出该字符串。在外循环全部完成之后即完成全部排序和输出。

【案例 4-12】求 100 之内的素数。

```
#include <stdio.h>
#include "math.h"
#define N 101
void main()
{
    int i,j,line,a[N];
    for(i=2;i<N;i++) a[i]=i;
    for(i=2;i<sqrt(N);i++)
      for(j=i+1;j<N;j++)
      {
        if(a[i]!=0&&a[j]!=0)
        if(a[j]%a[i]==0)
        a[j]=0;
      }
    printf("\n");
    for(i=2,line=0;i<N;i++)
    {
      if(a[i]!=0)
      {
```

```
            printf("%5d",a[i]);
            line++;
        }
        if(line==10)
        {
            printf("\n");
            line=0;
        }
    }
}
```

【案例 4-13】对 10 个数进行排序。

```
#define N 10
void main()
{
    int i,j,min,tem,a[N];
    /*input data*/
    printf("please input ten num:\n");
    for(i=0;i<N;i++)
    {
        printf("a[%d]=",i);
        scanf("%d",&a[i]);
    }
        printf("\n");
        for(i=0;i<N;i++)
        printf("%5d",a[i]);
        printf("\n");
        /*sort ten num*/
        for(i=0;i<N-1;i++)
        {
            min=i;
            for(j=i+1;j<N;j++)
            if(a[min]>a[j]) min=j;
            tem=a[i];
            a[i]=a[min];
            a[min]=tem;
        }
    /*output data*/
    printf("After sorted \n");
    for(i=0;i<N;i++)
    printf("%5d",a[i]);
}
```

【案例 4-14】求一个 3×3 矩阵主对角线元素之和。

```
void main()
{
    float a[3][3],sum=0;
    int i,j;
```

```
    printf("please input rectangle element:\n");
    for(i=0;i<3;i++)
        for(j=0;j<3;j++)
            scanf("%f",&a[i][j]);
    for(i=0;i<3;i++)
        sum=sum+a[i][i];
    printf("duijiaoxian he is %6.2f",sum);
}
```

习题 4

一、选择题

1．以下正确的概念是（　）。

A．数组名的规定与变量名不同

B．数组名后面的常量表达式用一对圆括号括起来

C．数组下标的数据类型为整型常量

D．在 C 语言中，一个数组的数组下标从 1 开始

2．对数组初始化正确的方法是（　）。

A．int a(5)={1,2,3,4,5};　　B．int a[5]={1,2,3,4,5};

C．int a[5]={1-5};　　D．int a[5]={0,1,2,3,4,5};

3．若有以下对数组的定义：

```
char   ch1[]="1234";
char   ch2[]={'1', '2', '3', '4'};
```

则正确的描述是（　）。

A．ch1 数组和 ch2 数组长度相同　　B．ch1 数组长度大于 ch2 数组长度

C．ch1 数组长度小于 ch2 数组长度　　D．两个数组中存放相同的内容

4．有以下程序：

```
main()
{
    int   x[3][2]={0},i;
    for(i=0;i<3;i++)    scanf("%d",x[i]);
    printf("%3d%3d%3d\n",x[0][0],x[0][1],x[1][0]);
}
```

若运行时输入：2 4 6<回车>，则输出结果为：

A. 2 0 0　　B. 2 0 4　　C. 2 4 0　　D. 2 4 6

二、填空题

1．在 C 语言中，二维数组元素在内存中的存放顺序是________。

2．若定义二维数组 a[4][5]={{1,2,3},{3,2,1,5},{1}}，则元素 a[2][2]的值是________。

3．以下程序的输出结果是________。

```
main()
{
    int  a[3][3]={{1,2,9},{3,4,8},{5,6,7}},j,s=0;
    for(j=0;j<3;j++)   s+=a[j][j]+a[j][3-j-1];
    printf("%d\n",s);
}
```

4．以下程序的输出结果是________。

```
main()
{
    int  p[7]={11,13,14,15,16,17,18},i,j;
    while(i<7 && p[i]%2==1)   j+=p[i++];
    printf("%d\n",j);
}
```

三、编程题

1．求一个 3×3 矩阵两条对角线元素之和。

2．已有一个已排好序的数组，今输入一个数，要求按原来排序的规律将它插入到数组中，并逆序输出。

3．用冒泡法对 10 个整数排序。

4．编写一个程序，将字符数组 s2 中的全部字符拷贝到字符数组 s1 中，不用 strcpy 函数。拷贝时，'\0'也要拷贝过去。'\0'后面的字符不拷贝。

四、思考题

1．数组的下标总是从 0 开始吗？

2．在把数组作为参数传递给函数时，可以通过 sizeof 运算符告诉函数数组的大小吗？

3．通过指针或带下标的数组名都可以访问数组中的元素，哪一种方式更好呢？

4．可以把另外一个地址赋给一个数组名吗？

5．array_name 和&array_name 有什么不同？

6．字符串和数组有什么不同？

第 5 章　函数

知识点 1　函数的概念

在前面已经介绍过，C 源程序是由函数组成的。虽然在前面各章的程序中都只有一个主函数 main()，但实用程序往往由多个函数组成。函数是 C 源程序的基本模块，通过对函数模块的调用实现特定的功能。C 语言中的函数相当于其他高级语言中的子程序。C 语言不仅提供了极为丰富的库函数（如 Turbo C、MS C 都提供了 300 多个库函数），还允许用户建立自定义的函数。用户可以把自己的算法编成一个个相对独立的函数模块，然后用调用的方法来使用函数。

可以说 C 程序的全部工作都是由各式各样的函数完成的，所以也把 C 语言称为函数式语言。由于采用了函数模块式的结构，因此 C 语言易于实现结构化程序设计，使程序的层次结构清晰，便于程序的编写、阅读、调试。

1.1　函数分类

在 C 语言中可以从不同的角度对函数进行分类。

（1）从函数定义的角度看，函数可分为库函数和用户定义函数两种。

- 库函数。由 C 系统提供，用户无须定义，也不必在程序中作类型说明，只需在程序前包含有该函数原型的头文件即可在程序中直接调用。在前面各章的案例中反复用到的 printf、scanf、getchar 、putchar、gets、puts、strcat 等函数均属此类。
- 用户定义函数。由用户按需要写的函数。对于用户自定义函数，不仅要在程序中定义函数本身，而且在主调函数模块中还必须对该被调函数进行类型说明，然后才能使用。

（2）C 语言的函数兼有其他语言中的函数和过程两种功能，从这个角度看，又可以把函数分为有返回值函数和无返回值函数两种。

- 有返回值函数。此类函数被调用执行完后将向调用者返回一个执行结果，称为函数返回值。如数学函数即属于此类函数。若为由用户定义的这种要返回函数值的函数，必须在函数定义和函数说明中明确返回值的类型。
- 无返回值函数。此类函数用于完成某项特定的处理任务，执行完成后不向调用者返回函数值。这类函数类似于其他语言的过程。由于函数无须返回值，用户在定义此类函数时可指定它的返回值为“空类型”，空类型的说明符为 void。

（3）从主调函数和被调函数之间数据传送的角度看又可分为无参函数和有参函数两种。

- 无参函数。函数定义、函数说明及函数调用中均不带参数。主调函数和被调函数之间不进行参数传送。此类函数通常用来完成一组指定的功能，可以返回或不返回函数值。

- 有参函数。也称为带参函数。在函数定义及函数说明时都有参数，称为形式参数（简称形参）。在函数调用时也必须给出参数，称为实际参数（简称实参）。进行函数调用时，主调函数将把实参的值传送给形参，供被调函数使用。

（4）C语言提供了极为丰富的库函数，这些库函数又可从功能角度进行以下分类：

- 字符类型分类函数：用于对字符按ASCII码分类，主要字符有字母、数字、控制字符、分隔符、大小写字母等。
- 转换函数：用于字符或字符串的转换；在字符量和各类数字量（整型、实型等）之间进行转换；在大、小写之间进行转换。
- 目录路径函数：用于文件目录和路径操作。
- 诊断函数：用于内部错误检测。
- 图形函数：用于屏幕管理和各种图形功能。
- 输入输出函数：用于完成输入输出功能。
- 接口函数：用于与DOS、BIOS和硬件的接口。
- 字符串函数：用于字符串操作和处理。
- 内存管理函数：用于内存管理。
- 数学函数：用于数学函数计算。
- 日期和时间函数：用于日期、时间转换操作。
- 进程控制函数：用于进程管理和控制。
- 其他函数：用于其他各种功能。

以上各类函数不仅数量多，而且有的还需要硬件知识才会使用，因此要想全部掌握则需要一个较长的学习过程。应首先掌握一些最基本、最常用的函数，然后再逐步深入。由于篇幅关系，本书只介绍了很少一部分的库函数，其余部分读者可根据需要查阅相关手册。

还应该指出的是，在C语言中，所有的函数定义，包括主函数main在内，都是平行的。也就是说，在一个函数的函数体内，不能再定义另一个函数，即不能嵌套定义。但是函数之间允许相互调用，也允许嵌套调用。习惯上把调用者称为主调函数。函数还可以自己调用自己，称为递归调用。main函数是主函数，它可以调用其他函数，而不允许被其他函数调用。因此，C程序的执行总是从main函数开始，完成对其他函数的调用后再返回到main函数，最后由main函数结束整个程序。一个C源程序必须有，也只能有一个主函数main。

1.2 函数定义

1．无参函数定义的一般形式

```
类型说明符 函数名()
{
    类型说明
    语句
}
```

其中类型说明符和函数名称为函数头。类型说明符指明了本函数的类型，函数的类型实际上是函数返回值的类型。该类型说明符与前面介绍的各种说明符相同。函数名是由用户定义的标识符，函数名后有一对空的小括号，其中无参数，但括号不可少。{}中的内容称为函数体。在函数体中也有类型说明，这是对函数体内部所用到的变量的类型说明。在很多情况下都不要求无参函数有返回值，此时函数类型符可以写为 void。

可以修改一个函数定义：

```
void Hello()
{
    printf ("Hello,world \n");
}
```

这里，只把 main 改为 Hello 作为函数名，其余不变。Hello 函数是一个无参函数，当被其他函数调用时，输出 Hello world 字符串。

2．有参函数定义的一般形式

```
类型说明符 函数名(形式参数类型  形式参数表)
{
    类型说明
    语句
}
```

有参函数比无参函数多了两个内容：一是形式参数表，二是形式参数类型说明。在形式参数表中给出的参数称为形式参数，它们可以是各种类型的变量，各参数之间用逗号间隔。在进行函数调用时，主调函数将赋予这些形式参数实际的值。形参既然是变量，当然必须给以类型说明。例如，用传统格式定义一个函数，用于求两个数中的大数，可以写为：

```
int max(a,b)
int a,b;
{
    if (a>b)  return a;
    else      return b;
}
```

第一行说明 max 函数是一个整型函数，其返回的函数值是一个整数。形参为 a 和 b。第二行说明 a、b 均为整型量。a、b 的具体值是由主调函数在调用时传送过来的。在{}中的函数体内，除形参外没有使用其他变量，因此只有语句而没有变量类型说明。上边这种定义方法称为“传统格式”。这种格式不易于编译系统检查，从而会引起一些非常细微而且难以跟踪的错误。ANSI C 的新标准中把对形参的类型说明合并到形参表中，称为“现代格式”。

例如 max 函数用现代格式可以定义为：

```
int max(int a,int b)
{
    if(a>b)  return a;
    else     return b;
}
```

现代格式在函数定义和函数说明时给出了形式参数及其类型，在编译时易于对它们进行查错，从而保证了函数说明和定义的一致性。在 max 函数体中，return 语句是把 a（或 b）的值作为函数的结果值返回给主调函数。在有返回值函数中至少应有一个 return 语句。在 C 程序中，一个函数的定义可以放在任意位置，既可以放在主函数 main 之前，也可以放在 main 之后，如：

```
int max(int a,int b)
{
    if(a>b) return a;
    else    return b;
```

```
}
void main()
{
    int max(int a,int b);
    int x,y,z;
    printf("input two numbers:\n");
    scanf("%d%d",&x,&y);
    z=max(x,y);
    printf("maxmum=%d",z);
}
```

现在可以从函数定义、函数说明以及函数调用的角度来分析整个程序，从中进一步了解函数的各种特点。程序的第 1 行至第 5 行为 max 函数定义。进入主函数后，因为准备调用 max 函数，所以先对 max 函数进行说明（程序第 8 行）。函数定义和函数说明并不是一回事，在后面还要专门讨论。可以看出，函数说明与函数定义中的函数头部分相同，但是末尾要加分号。程序第 12 行为调用 max 函数，并把 x、y 中的值传送给 max 的形参 a、b。max 函数执行的结果（a 或 b）将返回给变量 z。最后由主函数输出 z 的值。

1.3 函数调用

函数调用的一般形式前面已经说过，在程序中是通过对函数的调用来执行函数体的，其过程与其他语言的子程序调用相似。在 C 语言中，函数调用的一般形式为：

函数名(实际参数表)

对无参函数调用时则无实际参数表。实际参数表中的参数可以是常数、变量或其他构造类型数据及表达式。各实参之间用逗号分隔。在 C 语言中，可以用以下几种方式调用函数：

（1）函数表达式。

函数表达式中的一项出现在表达式中，以函数返回值参与表达式的运算。这种方式要求函数是有返回值的。例如，z=max(x,y)是一个赋值表达式，把 max 的返回值赋予变量 z。

（2）函数语句。

函数调用的一般形式加上分号即构成函数语句。例如：

```
printf ("%d",a);
scanf ("%d",&b);
```

都是以函数语句的方式调用函数。

（3）函数实参。

函数作为另一个函数调用的实际参数出现。这种情况是把该函数的返回值作为实参进行传送，因此要求该函数必须是有返回值的。例如，printf("%d",max(x,y)); 就是把 max 调用的返回值又作为 printf 函数的实参来使用。在函数调用中还应该注意的一个问题是求值顺序的问题。所谓求值顺序是指对实参表中的各量是自左至右使用（左结合性），还是自右至左使用（右结合性）。对此，各系统的规定不一定相同。例如：

```
void main()
{
    int i=8;
    printf("%d\n%d\n%d\n%d\n",++i,--i,i++,i--);
}
```

如按照从右至左的顺序求值，运行结果应为：

8
7
7
8

如对 printf 语句中的++i、--i、i++、i--从左至右求值，结果应为：

9
8
8
9

应特别注意的是，无论是从左至右求值，还是自右至左求值，其输出顺序都是不变的，即输出顺序总是和实参表中实参的顺序相同。由于 Turbo C 规定是自右至左求值，所以结果为 8，7，7，8。上述问题如还不理解，上机一试就明白了。

1.4 函数的参数和函数的值

1．函数的参数

前面已经介绍过，函数的参数分为形参和实参两种。形参出现在函数定义中，在整个函数体内都可以使用，离开该函数则不能使用。实参出现在主调函数中，进入被调函数后，实参变量也不能使用。形参和实参的功能是作数据传送。发生函数调用时，主调函数把实参的值传送给被调函数的形参，从而实现主调函数向被调函数的数据传送。

函数的形参和实参具有以下特点：

（1）形参变量只有在被调用时才分配内存单元，在调用结束时，即刻释放所分配的内存单元。因此，形参只有在函数内部有效。函数调用结束返回主调函数后，则不能再使用该形参变量。

（2）实参可以是常量、变量、表达式、函数等，无论实参是何种类型的量，在进行函数调用时，它们都必须具有确定的值，以便把这些值传送给形参。因此应预先用赋值、输入等办法使实参获得确定值。

（3）实参和形参在数量上、类型上、顺序上应严格一致，否则会发生“类型不匹配”的错误。

（4）函数调用中发生的数据传送是单向的，即只能把实参的值传送给形参，而不能把形参的值反向地传送给实参。因此在函数调用过程中，形参的值发生改变对实参中的值不会有影响。

【案例 5-1】函数调用举例。

```
#include <stdio.h>
void main()
{  void    s(int    n);
   int n;
   printf("input number\n");
   scanf("%d",&n);
   s(n);
   printf("n=%d\n",n);
```

```
}
void s(int n)
{
    int i;
    for(i=n-1;i>=1;i--)
       n=n+i;
    printf("n=%d\n",n);
}
```

本案例程序中定义了一个函数 s，该函数的功能是求∑i（i 从 n-1 变到 1）的值。在主函数中输入 n 值（假设 n 为 100），并作为实参，在调用时传送给 s 函数的形参变量 n（注意，本案例的形参变量和实参变量的标识符都为 n，但这是两个不同的量，各自的作用域不同）。在主函数中用 printf 语句输出一次 n 值，这个 n 值是实参 n 的值。在函数 s 中也用 printf 语句输出了一次 n 值，这个 n 值是形参最后取得的 n 值 5050。从运行情况看，输入 n 值为 100，即实参 n 的值为 100。把此值传给函数 s 时，形参 n 的初值也为 100，在执行函数过程中，形参 n 的值变为 5050。返回主函数之后，输出实参 n 的值仍为 100。可见实参的值不随形参的变化而变化。

2．函数的值

函数的值是指函数被调用之后，执行函数体中的程序段所取得并返回给主调函数的值，如调用正弦函数取得的正弦值、调用 max 函数取得的最大数等。

对函数的值（或称函数返回值）有以下一些说明：

（1）函数的值只能通过 return 语句返回主调函数。

return 语句的一般形式为：

return 表达式;

或

return (表达式);

该语句的功能是计算表达式的值，并返回给主调函数。在函数中允许有多个 return 语句，但每次调用只能有一个 return 语句被执行，因此只能返回一个函数值。

（2）函数值的类型和函数定义中函数的类型应保持一致。如果两者不一致，则以函数类型为准，自动进行类型转换。

（3）如果函数值为整型，在函数定义时可以省去类型说明。

（4）不返回函数值的函数可以明确定义为“空类型”，空类型说明符为 void。例如，如果函数 s 并不向主调函数返回函数值，则可定义为：

```
void s(int n)
{
    …
}
```

一旦函数被定义为空类型后，就不能在主调函数中使用被调函数的函数值了。例如，在定义 s 为空类型后，在主函数中编写语句 sum=s(n);是错误的。为了使程序有良好的可读性并减少出错，凡不要求返回值的函数都应定义为空类型。在主调函数中调用某函数之前应对该被调函数进行说明，这与使用变量之前要先进行变量说明是一样的。在主调函数中对被调函数进行说明的目的是使编译系统知道被调函数返回值的类型，以便在主调函数中按此种类型对返回值作相应的处理。

对被调函数的说明也有两种格式，一种为传统格式，其一般格式为：

类型说明符 被调函数名();

这种格式只给出函数返回值的类型、被调函数名及一对空的小括号。

这种格式由于在括号中没有任何参数信息，因此不便于编译系统进行错误检查，易于发生错误。

另一种为现代格式，其一般形式为：

类型说明符 被调函数名(类型 形参,类型 形参,…);

或

类型说明符 被调函数名(类型,类型,…);

现代格式的括号内给出了形参的类型和形参名，或只给出形参类型。这便于编译系统进行检错，以防止可能出现的错误。如对 max 函数的说明若用传统格式可写为：

```
int max();
```

用现代格式可写为：

```
int max(int a,int b);
```

或

```
int max(int,int);
```

C 语言中又规定在以下几种情况时可以省去主调函数中对被调函数的函数说明：

（1）如果被调函数的返回值是整型或字符型时，可以不对被调函数作说明，而直接调用。这时系统将自动对被调函数返回值按整型处理。

（2）当被调函数的函数定义出现在主调函数之前时，在主调函数中也可以不对被调函数再作说明而直接调用。如果函数 max 的定义放在 main 函数之前，因此可以在 main 函数中省去对 max 函数的函数说明 int max(int a,int b)。

（3）如在所有函数定义之前，在函数外预先说明了各个函数的类型，则在以后的各主调函数中，可以不再对被调函数作说明。例如：

```
char str(int a);
float f(float b);
main()
{
    …
}
char str(int a)
{
    …
}
float f(float b)
{
    …
}
```

其中第一、二行对 str 函数和 f 函数预先作了说明，因此在以后各函数中无须对 str 和 f 函数再作说明即可直接调用。

（4）对库函数的调用不需要再作说明，但必须把该函数所在的头文件用#include 命令包含在源文件前部。数组可以作为函数的参数使用，进行数据传送。数组用作函数参数有两种形式：一种是把数组元素（下标变量）作为实参使用；另一种是把数组名作为函数的形参和实参使用。

3．数组元素作函数实参

数组元素就是下标变量，在使用时它与普通变量并无区别。因此它作为函数实参使用与普通变量是完全相同的，在发生函数调用时，把作为实参的数组元素的值传送给形参，实现单向的值传送。案例 5-2 说明了这种情况。案例 5-2 判别一个整数数组中各元素的值，若大于 0 则输出该值，若小于等于 0 则输出 0 值。编程如案例 5-2 所示。

【案例 5-2】以数组元素为参数的函数调用。

```
#include   <stdio.h>
void nzp(int v)
{
    if(v>0)
       printf("%d ",v);
    else
       printf("%d ",0);
}
void main()
{
    int a[5],i;
    printf("input 5 numbers\n");
    for(i=0;i<5;i++)
    {
        scanf("%d",&a[i]);
        nzp(a[i]);
    }
}
```

本案例程序中首先定义一个无返回值函数 nzp，并说明其形参 v 为整型变量。在函数体中根据 v 值输出相应的结果。在 main 函数中用一个 for 语句输入数组各元素，每输入一个就以该元素作实参调用一次 nzp 函数，即把 a[i]的值传送给形参 v，供 nzp 函数使用。

4．数组名作为函数参数

用数组名作函数参数与用数组元素作函数参数有以下几点不同：

（1）用数组元素作实参时，只要数组类型和函数的形参变量的类型一致，那么作为下标变量的数组元素的类型也和函数形参变量的类型是一致的。因此，并不要求函数的形参也是下标变量。换句话说，对数组元素的处理是按普通变量对待的。用数组名作函数参数时，则要求形参和相对应的实参都必须是类型相同的数组，都必须有明确的数组说明。当形参和实参二者不一致时，即会发生错误。

（2）在普通变量或下标变量作函数参数时，形参变量和实参变量是由编译系统分配的两个不同的内存单元。在函数调用时发生的值传送是把实参变量的值赋予形参变量。在用数组名作函数参数时，不是进行值的传送，即不是把实参数组的每一个元素的值都赋予形参数组的各个元素。因为实际上形参数组并不存在，编译系统不为形参数组分配内存。那么，数据的传送是如何实现的呢？在前面曾经介绍过，数组名就是数组的首元素地址。因此在数组名作函数参数时所进行的传送只是地址的传送，也就是说把实参数组的首元素地址赋予形参数组名。形参数组名取得该首地址之后，也就等于有了实参的数组。实际上是形参数组和实参数组为同一数组，共同拥有一段内存空间。

【案例 5-3】数组 a 中存放了一个学生 5 门课程的成绩，求平均成绩。

```
#include   <stdio.h>
float aver(float a[5])
{
    int i;
    float av,s=a[0];
    for(i=1;i<5;i++)
      s=s+a[i];
      av=s/5;
      return av;
}
void main()
{
    float sco[5],av;
    int i;
    printf("\ninput 5 scores:\n");
    for(i=0;i<5;i++)
      scanf("%f",&sco[i]);
      av=aver(sco);
      printf("average score is %5.2f",av);
}
```

本案例程序首先定义了一个实型函数 aver，有一个形参为实型数组 a，长度为 5。在函数 aver 中，把各元素值相加求出平均值，返回给主函数。主函数 main 中首先完成数组 sco 的输入，然后以 sco 作为实参调用 aver 函数，函数返回值送 av，最后输出 av 值。从运行情况可以看出，程序实现了所要求的功能。

（3）前面已经讨论过，在变量作函数参数时，所进行的值传送是单向的。即只能从实参传向形参，不能从形参传回实参。形参的初值和实参相同，而形参的值发生改变后，实参并不变化，两者的终值是不同的。而当用数组名作函数参数时，情况则不同。由于实际上形参和实参为同一数组，因此当形参数组发生变化时，实参数组也随之变化。当然这种情况不能理解为发生了“双向”的值传递。但从实际情况来看，调用函数之后实参数组的值将由于形参数组值的变化而变化。案例 5-4 说明了这种情况。

【案例 5-4】数组名作为函数参数。

```
#include   <stdio.h>
void nzp(int a[5])
{
    int i;
    printf("\nvalues of array a are:\n");
    for(i=0;i<5;i++)
    {
        if(a[i]<0) a[i]=0;
        printf("%d ",a[i]);
    }
}
```

```
void main()
{
    int b[5],i;
    printf("\ninput 5 numbers:\n");
    for(i=0;i<5;i++)
      scanf("%d",&b[i]);
    printf("initial values of array b are:\n");
    for(i=0;i<5;i++)
      printf("%d ",b[i]);
    nzp(b);
    printf("\nlast values of array b are:\n");
    for(i=0;i<5;i++)
      printf("%d ",b[i]);
}
```

本案例程序中函数 nzp 的形参为整型数组 a，长度为 5。主函数中实参数组 b 也为整型，长度也为 5。在主函数中首先输入数组 b 的值，然后输出数组 b 的初始值。接着以数组名 b 为实参调用 nzp 函数。在 nzp 中，按要求把负值单元清零，并输出形参数组 a 的值。返回主函数之后，再次输出数组 b 的值。从运行结果可以看出，数组 b 的初值和终值是不同的，数组 b 的终值和数组 a 是相同的。这说明实参形参为同一数组，它们的值同时得以改变。

（4）用数组名作为函数参数时还应注意以下几点：

- 形参数组和实参数组的类型必须一致，否则将引起错误。
- 形参数组和实参数组的长度可以不相同，因为在调用时，只传送首地址而不检查形参数组的长度。当形参数组的长度与实参数组不一致时，虽不至于出现语法错误（编译能通过），但程序执行结果将与实际不符，这是应予以注意的。如把案例 5-4 程序改写为案例 5-5 的形式。

【案例 5-5】案例 5-4 程序修改。

```
#include   <stdio.h>
void nzp(int a[8])
{
    int i;
    printf("\nvalues of array aare:\n");
    for(i=0;i<8;i++)
    {
        if(a[i]<0)a[i]=0;
        printf("%d",a[i]);
    }
}
void main()
{
    int b[5],i;
    printf("\ninput 5 numbers:\n");
    for(i=0;i<5;i++)
      scanf("%d",&b[i]);
    printf("initial values of array b are:\n");
    for(i=0;i<5;i++)
```

```
        printf("%d",b[i]);
    nzp(b);
    printf("\nlast values of array b are:\n");
    for(i=0;i<5;i++)
        printf("%d",b[i]);
}
```

本案例程序与案例 5-4 程序相比，nzp 函数的形参数组长度改为 8，函数体中，for 语句的循环条件也改为 i<8。因此，形参数组 a 和实参数组 b 的长度不一致。编译能够通过，但从结果看，数组 a 的元素 a[5]、a[6]、a[7]显然是无意义的。

- 在函数形参表中，允许不给出形参数组的长度，或者用一个变量来表示数组元素的个数。

例如，上例中 nzp 函数可以写为：

```
void nzp(int a[])
```

或

```
void nzp(int a[],int n)
```

其中形参数组 a 没有给出长度，而由 n 值动态地表示数组的长度。n 的值由主调函数的实参进行传送。由此，案例 5-4 又可改为案例 5-6 的形式。

【案例 5-6】案例 5-4 的改写。

```
#include   <stdio.h>
void nzp(int a[],int n)
{
    int i;
    printf("\nvalues of array a are:\n");
    for(i=0;i<n;i++)
    {
        if(a[i]<0) a[i]=0;
        printf("%d ",a[i]);
    }
}
void main()
{
    int b[5],i;
    printf("\ninput 5 numbers:\n");
    for(i=0;i<5;i++)
        scanf("%d",&b[i]);
    printf("initial values of array b are:\n");
    for(i=0;i<5;i++)
        printf("%d ",b[i]);
    nzp(b,5);
    printf("\nlast values of array b are:\n");
    for(i=0;i<5;i++)
        printf("%d ",b[i]);
}
```

本案例程序中 nzp 函数形参数组 a 没有给出长度，由 n 动态确定该长度。在 main 函数中，函数调用语句为 nzp(b,5)，其中实参 5 将赋予形参 n 作为形参数组的长度。

- 多维数组也可以作为函数的参数。在函数定义时对形参数组可以指定每一维的长度，也可省去第一维的长度。因此，以下写法都是合法的：

```
int MA(int a[3][10])
```

或

```
int MA(int a[][10])
```

知识点 2　函数的嵌套调用

C 语言中不允许有嵌套的函数定义。因此各函数之间是平行的，不存在上一级函数和下一级函数的问题。但是 C 语言允许在一个函数的定义中出现对另一个函数的调用。这样就出现了函数的嵌套调用。即在被调函数中又调用其他函数。这与其他语言中的子程序嵌套的情形是类似的。

【案例 5-7】计算 $s=2^2!+3^2!$。

本题可编写 3 个函数：一个是 main()函数，一个是用来计算平方值的函数 f1，另一个是用来计算阶乘值的函数 f2。主函数先调用 f1 计算出平方值，再在 f1 中以平方值为实参调用 f2 计算其阶乘值，然后返回 f1，再返回主函数，在循环程序中计算累加和。

```
#include   <stdio.h>
long f1(int p)
{
    int k;
    long r;
    long f2(int);
    k=p*p;
    r=f2(k);
    return r;
}
long f2(int q)
{
    long c=1;
    int i;
    for(i=1;i<=q;i++)
    c=c*i;
    return c;
}
void main()
{
    int i;
    long s=0;
    for (i=2;i<=3;i++)
       s=s+f1(i);
    printf("\ns=%ld\n",s);
}
```

在本案例程序中，函数 f1 和 f2 均为长整型，都在主函数之前定义，故不必再在主函数中对 f1 和 f2 加以说明。在主程序中，执行循环程序依次把 i 值作为实参调用函数 f1 求 i^2 值。在 f1 中又发生对函数 f2 的调用，这时是把 i^2 的值作为实参去调用 f2，在 f2 中完成求 $i^2!$ 的计算。f2 执行完毕把 c 值（即 $i^2!$）返回给 f1，再由 f1 返回主函数实现累加。至此，由函数的嵌套调用实现了题目的要求。由于数值很大，所以函数和一些变量的类型都说明为长整型，否则会造成计算错误。

知识点 3　函数的递归调用

一个函数在它的函数体内调用它自身称为递归调用。这种函数称为递归函数。C 语言允许函数的递归调用。在递归调用中，主调函数又是被调函数。执行递归函数将反复调用其自身。每调用一次就进入新的一层。例如有函数 f 如下：

```
int f (int x)
{
    int z;
    z=f(x-1);
    return z;
}
```

这个函数是一个递归函数。但是运行该函数将无休止地调用其自身，这当然是不正确的。为了防止递归调用无终止地进行，必须在函数内有终止递归调用的手段。常用的办法是加条件判断，满足某种条件后就不再作递归调用，然后逐层返回。

下面举例说明递归调用的执行过程。

【案例 5-8】用递归法计算 n!，可用以下公式表示：

$$\begin{cases} n!=1 & (n=0，1) \\ n!=n\times(n-1)! & (n>1) \end{cases}$$

按公式可编程如下：

```
#include   <stdio.h>
long ff(int n)
{
    long f;
    if(n<0) printf("n<0,input error");
    else if(n==0||n==1) f=1;
        else f=ff(n-1)*n;
    return(f);
}
void main()
{
    int n;
    long y;
    printf("\ninput a inteager number:\n");
    scanf("%d",&n);
    y=ff(n);
    printf("%d!=%ld",n,y);
}
```

本案例程序中给出的函数 ff 是一个递归函数。主函数调用 ff 后即进入函数 ff 执行，如果 n<0、n==0 或 n==1，则都将结束函数的执行；否则递归调用 ff 函数自身。由于每次递归调用的实参为 n-1，即把 n-1 的值赋予形参 n，最后当 n-1 的值为 1 时再作递归调用，形参 n 的值也为 1，将使递归终止。然后可逐层退回。

案例 5-8 也可以不用递归的方法来完成。如可以用递推法，即从 1 开始乘以 2，再乘以 3，…，直到 n。递推法比递归法更容易理解和实现。但是有些问题则只能用递归算法才能实现。典型的问题是 Hanoi 塔问题。

【案例 5-9】 Hanoi 塔问题。

一块板上有 3 根针 A、B、C。A 针上套有 64 个大小不等的圆盘，大的在下，小的在上。要把这 64 个圆盘从 A 针移动到 C 针上，每次只能移动一个圆盘，移动可以借助 B 针进行。但在任何时候，任何针上的圆盘都必须保持大盘在下，小盘在上。求移动的步骤。

本题算法分析如下，设 A 上有 n 个盘子。

如果 n=1，则将圆盘从 A 直接移动到 C。

如果 n=2，则：

- 将 A 上的 n-1（等于 1）个圆盘移到 B 上；
- 将 A 上的一个圆盘移到 C 上；
- 将 B 上的 n-1（等于 1）个圆盘移到 C 上。

如果 n=3，则：

- 将 A 上的 n-1（等于 2，令其为 n）个圆盘移到 B（借助 C）上，步骤是：
  - 将 A 上的 n-1（等于 1）个圆盘移到 C 上。
  - 将 A 上的一个圆盘移到 B 上。
  - 将 C 上的 n-1（等于 1）个圆盘移到 B 上。
- 将 A 上的一个圆盘移到 C 上。
- 将 B 上的 n-1（等于 2，令其为 n）个圆盘移到 C（借助 A）上，步骤是：
  - 将 B 上的 n-1（等于 1）个圆盘移到 A 上。
  - 将 B 上的一个圆盘移到 C 上。
  - 将 A 上的 n-1（等于 1）个圆盘移到 C 上。

至此，完成了 3 个圆盘的移动过程。

从上面的分析可以看出，当 n 大于等于 2 时，移动的过程可分解为 3 个步骤：

第一步：把 A 上的 n-1 个圆盘移到 B 上。

第二步：把 A 上的一个圆盘移到 C 上。

第三步：把 B 上的 n-1 个圆盘移到 C 上。

其中第一步和第三步是类同的。

当 n=3 时，第一步和第三步又分解为类同的 3 步，即把 n-1 个圆盘从一个针移到另一个针上，这里的 n=n-1。显然这是一个递归过程，据此算法可编程如下：

```
#include   <stdio.h>
move(int n,int x,int y,int z)
{
    if(n==1)
```

```
        printf("%c-->%c\n",x,z);
    else
    {
        move(n-1,x,z,y);
        printf("%c-->%c\n",x,z);
        move(n-1,y,x,z);
    }
}
void main()
{
    int h;
    printf("\ninput number:\n");
    scanf("%d",&h);
    printf("the step to moving %2d diskes:\n",h);
    move(h,'a','b','c');
}
```

从程序中可以看出，move 函数是一个递归函数，它有 4 个形参 n、x、y、z。n 表示圆盘数，x、y、z 分别表示 3 根针。move 函数的功能是把 x 上的 n 个圆盘移动到 z 上。当 n==1 时，直接把 x 上的圆盘移到 z 上，输出 x→z。如 n!=1，则分为 3 步：递归调用 move 函数，把 n-1 个圆盘从 x 移到 y；输出 x→z；递归调用 move 函数，把 n-1 个圆盘从 y 移到 z。在递归调用过程中 n=n-1，故 n 的值逐次递减，最后 n=1 时，终止递归，逐层返回。

知识点 4　变量的作用域

在讨论函数的形参变量时曾经提到，形参变量只在被调用期间才分配内存单元，调用结束立即释放。这一点表明形参变量只有在函数内才是有效的，离开该函数就不能再使用了。这种变量有效性的范围称为变量的作用域。不仅对于形参变量，C 语言中所有的量都有自己的作用域。变量说明的方式不同，其作用域也不同。C 语言中的变量，按作用域范围可分为两种，即局部变量和全局变量。

4.1　局部变量

局部变量也称为内部变量。局部变量是在函数内进行定义说明的。其作用域仅限于函数内，离开该函数后再使用这种变量是非法的。

例如：

```
int f1(int a)     /*函数 f1*/
{
    int b,c;
    …
}   /*a、b、c 作用域*/
int f2(int x)     /*函数 f2*/
{
    int y,z;
}   /*x、y、z 作用域*/
```

```
void main()
{
    int m,n;
}    /*m、n 作用域*/
```

在函数 f1 内定义了 3 个变量：a 为形参，b、c 为一般变量。在 f1 的范围内 a、b、c 有效，或者说 a、b、c 变量的作用域限于 f1 内。同理，x、y、z 的作用域限于 f2 内；m、n 的作用域限于 main 函数内。

关于局部变量的作用域还要说明以下几点：

（1）主函数中定义的变量也只能在主函数中使用，不能在其他函数中使用。同时，主函数中也不能使用其他函数中定义的变量。因为主函数也是一个函数，它与其他函数是平行关系。这一点是与其他语言不同的，应予以注意。

（2）形参变量是属于被调函数的局部变量，实参变量是属于主调函数的局部变量。

（3）允许在不同的函数中使用相同的变量名，它们代表不同的对象，分配不同的单元，互不干扰，也不会发生混淆。

（4）在复合语句中也可以定义变量，其作用域只在复合语句范围内。例如：

```
void main()
{
    int s,a;
    …
    {
        int b;
        s=a+b;
        …            /*b 作用域*/
    }
    …                /*s、a 作用域*/
}
```

【案例 5-10】局部变量使用示例。

```
#include  <stdio.h>
void main()
{
    int i=2,j=3,k;
    k=i+j;
    {
        int k=8;
        if(i=3) printf("%d\n",k);
    }
    printf("%d\n%d\n",i,k);
}
```

本案例程序在 main 中定义了 i、j、k 三个变量，其中 k 未赋初值。而在复合语句内又定义了一个变量 k，并赋初值为 8。应该注意这两个 k 不是同一个变量。在复合语句外由 main 定义的 k 起作用，而在复合语句内则由在复合语句内定义的 k 起作用。因此程序第 5 行的 k 为 main 所定义，其值应为 5。第 8 行输出 k 值，该行在复合语句内，由复合语句内定义的 k 起作用，其初值为 8，故输出值为 8，第 10 行输出 i、k 值。i 是在整个程序中有效的，第 8

行对 i 赋值为 3，故输出也为 3。而第 10 行已在复合语句之外，输出的 k 应为 main 所定义的 k，此 k 值由第 5 行已获得为 5，故输出也为 5。

4.2 全局变量

全局变量也称为外部变量，它是在函数外部定义的变量。它不属于哪一个函数，它属于一个源程序文件。其作用域是整个源程序中从定义它开始直到源程序结束处。在函数中使用全局变量，一般应作全局变量说明。只有在函数内经过说明的全局变量才能使用。全局变量的说明符为 extern。但在一个函数之前定义的全局变量，在该函数内使用时可不再加以说明。例如：

```
int a,b;            /*外部变量*/
void f1()           /*函数 f1*/
{
    …
}
float x,y;          /*外部变量*/
int f2()            /*函数 f2*/
{
    …
}
void main()         /*主函数*/
{
    …
}                   /*全局变量 x、y 的作用域为函数 f2 及 main 内，全局变量 a、b 的作用域为函数 f1、
                      f2 及 main 内*/
```

从上例可以看出，a、b、x、y 都是在函数外部定义的外部变量，都是全局变量。但 x、y 定义在函数 f1 之后，而在 f1 内又没有对 x、y 的说明，所以它们在 f1 内无效。a、b 定义在源程序最前面，因此在 f1、f2 及 main 内不加说明也可以使用。

【案例 5-11】输入长方体的长宽高 l、w、h，求体积及 3 个面 x*y、x*z、y*z 的面积。

```
#include<stdio.h>
int s1,s2,s3;
int vs( int a,int b,int c)
{
    int v;
    v=a*b*c;
    s1=a*b;
    s2=b*c;
    s3=a*c;
    return v;
}
void main()
{
    int v,l,w,h;
    printf("\ninput length,width and height\n");
    scanf("%d%d%d",&l,&w,&h);
    v=vs(l,w,h);
```

```
    printf("v=%d s1=%d s2=%d s3=%d\n",v,s1,s2,s3);
}
```

本程序中定义了 3 个外部变量 s1、s2、s3，用来存放 3 个面积，其作用域为整个程序。函数 vs 用来求正方体体积和 3 个面积，函数的返回值为体积 v。由主函数完成长宽高的输入及结果输出。由于 C 语言规定函数返回值只有一个，当需要增加函数的返回数据时，用外部变量是一种很好的方式。本例中，如不使用外部变量，在主函数中就不可能取得 v、s1、s2、s3 四个值。而采用了外部变量，在函数 vs 中求得的 s1、s2、s3 值在 main 中仍然有效。因此外部变量是实现函数之间数据通信的有效手段。

对于全局变量还有以下几点说明：

（1）对于局部变量的定义和说明，可以不加区分。而对于外部变量则不然，外部变量的定义和外部变量的说明并不是一回事。外部变量定义必须在所有的函数之外，且只能定义一次。其一般形式为：

[extern] 类型说明符　变量名 1,变量名 2,… ;

其中方括号内的 extern 可以省去不写。

例如：

int a,b;

等效于

extern int a,b;

而外部变量说明出现在要使用该外部变量的各个函数内，在整个程序内，可能出现多次，外部变量说明的一般形式为：

extern　类型说明符　变量名 1,变量名 2,…;

外部变量在定义时就已分配了内存单元，外部变量定义可作初始赋值，外部变量说明不能再赋初始值，只是表明在函数内要使用某外部变量。

（2）外部变量可以加强函数模块之间的数据联系，但是又使函数要依赖这些变量，因而使得函数的独立性降低。从模块化程序设计的观点来看这是不利的，因此在不必要时尽量不要使用全局变量。

（3）在同一源文件中，允许全局变量和局部变量同名。在局部变量的作用域内，全局变量不起作用。

【案例 5-12】全局变量和局部变量使用示例。

```
#include  <stdio.h>
int vs(int l,int w)
{
    extern int h;
    int v;
    v=l*w*h;
    return v;
}
void main()
{
    extern int w,h;
    int l=5;
    printf("v=%d",vs(l,w));
```

```
}
int l=3,w=4,h=5;
```

本案例程序中，外部变量在最后定义，因此在前面函数中对要用的外部变量必须进行说明。外部变量 l、w 和 vs 函数的形参 l、w 同名。外部变量都作了初始赋值，mian 函数中也对 l 作了初始化赋值。执行程序时，在 printf 语句中调用 vs 函数，实参 l 的值应为 main 中定义的 l 值，等于 5，外部变量 l 在 main 内不起作用；实参 w 的值为外部变量 w 的值，为 4，进入 vs 后这两个值传送给形参 l，vs 函数中使用的 h 为外部变量，其值为 5，因此 v 的计算结果为 100，返回主函数后输出。

知识点 5　变量的存储类型

所谓存储类型是指变量占用内存空间的方式，也称为存储方式。变量的存储方式可分为“静态存储”和“动态存储”两种。

静态存储变量通常是在变量定义时就分配存储单元并一直保持不变，直至整个程序结束。动态存储变量是在程序执行过程中使用它时才分配存储单元，使用完毕立即释放。典型的例子是函数的形式参数，在函数定义时并不给形参分配存储单元，只是在函数被调用时才予以分配，调用函数完毕立即释放。如果一个函数被多次调用，则反复地分配、释放形参变量的存储单元。从以上分析可知，静态存储变量是一直存在的，而动态存储变量则时而存在时而消失。我们又把这种由于变量存储方式不同而产生的特性称为变量的生存期。生存期表示了变量存在的时间。生存期和作用域是从时间和空间两个不同的角度来描述变量的特性，这两者既有联系，又有区别。一个变量究竟属于哪一种存储方式，并不能仅从其作用域来判断，还应有明确的存储类型说明。

在 C 语言中，对变量的存储类型说明有以下四种：

- auto：自动变量。
- register：寄存器变量。
- extern：外部变量。
- static：静态变量。

自动变量和寄存器变量属于动态存储方式，外部变量和静态变量属于静态存储方式。在介绍了变量的存储类型之后，可以知道对一个变量的说明不仅应说明其数据类型，还应说明其存储类型。因此，变量说明的完整形式应为：

存储类型说明符　数据类型说明符　变量名 1,变量名 2,…;

例如：

```
static int a,b;              /*说明 a、b 为静态类型变量*/
auto char c1,c2;             /*说明 c1、c2 为自动字符变量*/
static int a[5]={1,2,3,4,5}; /*说明 a 为静态整型数组*/
extern int x,y;              /*说明 x、y 为外部整型变量*/
```

下面分别介绍以上 4 种存储类型。

5.1　自动变量的类型说明符为 auto

这种存储类型是 C 语言程序中使用最广泛的一种类型。C 语言规定，函数内凡未加存储类型说明的变量均视为自动变量，也就是说自动变量可以省去说明符 auto。在前面各章的程序中所定义的变量凡未加存储类型说明符的都是自动变量。例如：

```
{
    int i,j,k;
    char c;
    …
}
```

等价于

```
{
    auto int i,j,k;
    auto char c;
    …
}
```

自动变量具有以下特点：

（1）自动变量的作用域仅限于定义该变量的个体内。在函数中定义的自动变量，只在该函数内有效，在复合语句中定义的自动变量只在该复合语句中有效。例如：

```
int kv(int a)
{
    auto int x,y;
    {
        auto char c;
    } /*c 的作用域*/
    …
} /*a、x、y 的作用域*/
```

（2）自动变量属于动态存储方式，只有在使用它，即定义该变量的函数被调用时才给它分配存储单元，开始它的生存期。函数调用结束，释放存储单元，结束生存期。因此函数调用结束之后，自动变量的值不能保留。在复合语句中定义的自动变量，在退出复合语句后也不能再使用，否则将引起错误。

（3）由于自动变量的作用域和生存期都局限于定义它的个体（函数或复合语句）内，因此不同的个体中允许使用同名的变量而不会混淆。即使在函数内定义的自动变量也可以与该函数内部的复合语句中定义的自动变量同名。

5.2 外部变量的类型说明符为 extern

在前面介绍全局变量时已经介绍过外部变量。这里再补充说明外部变量的以下几个特点：

（1）外部变量和全局变量是对同一类变量的两种不同角度的提法。全局变量是从它的作用域提出的，外部变量从它的存储方式提出的，表示了它的生存期。

（2）当一个源程序由若干个源文件组成时，在一个源文件中定义的外部变量在其他的源文件中也有效。例如有一个源程序由源文件 F1.c 和 F2.c 组成：

```
/*F1.c*/
int a,b;        /*外部变量定义*/
char c;         /*外部变量定义*/
void main()
```

```
{
    …
}
/*F2.c*/
extern int a,b;     /*外部变量说明*/
extern char c;      /*外部变量说明*/
func (int x, int y)
{
    …
}
```

在 F1.c 和 F2.c 两个文件中都要使用 a、b、c 三个变量。在 F1.c 文件中把 a、b、c 都定义为外部变量。在 F2.c 文件中用 extern 把 3 个变量说明为外部变量，表示这些变量已在其他文件中定义，这些变量编译系统不再为它们分配内存空间。对构造类型的外部变量，如数组等可以在说明时作初始化赋值，若不赋初值，则系统自动定义它们的初值为 0。

5.3 静态变量

静态变量的类型说明符是 static。静态变量当然是属于静态存储方式，但是属于静态存储方式的量不一定就是静态变量，例如外部变量虽然属于静态存储方式，但不一定是静态变量，必须由 static 加以定义后才能成为静态外部变量，或称静态全局变量。对于自动变量，前面已经介绍它属于动态存储方式。但是也可以用 static 定义它为静态自动变量，或称静态局部变量，从而成为静态存储方式。

由此看来，一个变量可由 static 进行再说明，并改变其原有的存储方式。

1．静态局部变量

在局部变量的说明前再加上 static 说明符即构成静态局部变量。

例如：

```
static int a,b;
static float array[5]={1,2,3,4,5};
```

静态局部变量属于静态存储方式，它具有以下特点：

（1）静态局部变量在函数内定义，但不像自动变量那样，当调用时就存在，退出函数时就消失，静态局部变量始终存在着，也就是说它的生存期为整个源程序。

（2）静态局部变量的生存期虽然为整个源程序，但是其作用域仍与自动变量相同，即只能在定义该变量的函数内使用该变量。退出该函数后，尽管该变量还继续存在，但不能使用它。

（3）允许对构造类静态局部变量赋初值。在数组一章中，介绍数组初始化时已作过说明。若未赋予初值，则由系统自动赋予 0 值。

（4）对基本类型的静态局部变量若在说明时未赋予初值，则系统自动赋予 0 值。而对自动变量不赋初值，则其值是不定的。根据静态局部变量的特点，可以看出它是一种生存期为整个源程序的量。虽然离开定义它的函数后不能使用，但如果再次调用定义它的函数时，它又可继续使用，而且保存了前次被调用后留下的值。因此，当多次调用一个函数且要求在调用之间保留某些变量的值时，可考虑采用静态局部变量。虽然用全局变量也可以达到上述目的，但全局变量有时会造成意外的副作用，因此仍以采用局部静态变量为宜。例如：

```
void main()
{
    int i;
    void f();       /*函数说明*/
    for(i=1;i<=5;i++)
       f();         /*函数调用*/
}
void f()            /*函数定义*/
{
    auto int j=0;
    ++j;
    printf("%d\n",j);
}
```

程序中定义了函数 f，其中的变量 j 说明为自动变量并赋予初始值 0。当 main 中多次调用 f 时，j 均赋初值为 0，故每次输出值均为 1。现在把 j 改为静态局部变量，程序如下：

```
#include  <stdio.h>
void main()
{
    int i;
    void f();
    for (i=1;i<=5;i++)
       f();
}
void f()
{
    static int j=0;
    ++j;
    printf("%d\n",j);
}
```

由于 j 为静态变量，能在每次调用后保留其值并在下一次调用时继续使用，所以输出值成为累加的结果。读者可自行分析其执行过程。

2．静态全局变量

全局变量（外部变量）的说明之前再冠以 static 就构成了静态的全局变量。全局变量本身就是静态存储方式，静态全局变量当然也是静态存储方式。这两者在存储方式上并无不同。这两者的区别在于非静态全局变量的作用域是整个源程序，当一个源程序由多个源文件组成时，非静态全局变量在各个源文件中都是有效的。而静态全局变量则限制了其作用域，即只在定义该变量的源文件内有效，在同一源程序的其他源文件中不能使用它。由于静态全局变量的作用域局限于一个源文件内，只能为该源文件内的函数公用，因此可以避免在其他源文件中引起错误。从以上分析可以看出，把局部变量改变为静态变量后是改变了它的存储方式，即改变了它的生存期。把全局变量改变为静态变量后是改变了它的作用域，限制了它的使用范围。因此 static 这个说明符在不同的地方所起的作用是不同的，应予以注意。

5.4 寄存器变量

上述各类变量都存放在存储器内，因此当对一个变量频繁读写时，必须要反复访问内存储器，从而花费大量的存取时间。为此，C 语言提供了另一种变量，即寄存器变量。这种变量存放在 CPU 的寄存器中，使用时不需要访问内存，而直接从寄存器中读写，这样可提高效率。寄存器变量的说明符是 register。对于循环次数较多的循环控制变量及循环体内反复使用的变量均可定义为寄存器变量。

【案例 5-13】求∑i,i 的值从 1 变到 200。

```
#include  <stdio.h>
void main()
{
    register i,s=0;
    for(i=1;i<=200;i++)
       s=s+i;
    printf("s=%d\n",s);
}
```

本程序循环 200 次，i 和 s 都将频繁使用，因此可定义为寄存器变量。

对寄存器变量还要说明以下几点：

（1）只有局部自动变量和形式参数才可以定义为寄存器变量，因为寄存器变量属于动态存储方式。凡需要采用静态存储方式的量不能定义为寄存器变量。

（2）在 Turbo C、MS C 等微机上使用的 C 语言中，实际上是把寄存器变量当成自动变量处理的，因此速度并不能提高。而在程序中允许使用寄存器变量只是为了与标准 C 保持一致。

（3）即使能真正使用寄存器变量的机器，由于 CPU 中寄存器的个数是有限的，因此使用寄存器变量的个数也是有限的。

知识点 6　内部函数和外部函数

函数一旦定义后即可被其他函数调用。但当一个源程序由多个源文件组成时，在一个源文件中定义的函数能否被其他源文件中的函数调用呢？为此，C 语言又把函数分为两类：内部函数和外部函数。

6.1 内部函数

如果在一个源文件中定义的函数只能被本文件中的函数调用，而不能被同一源程序其他文件中的函数调用，这种函数称为内部函数。

定义内部函数的一般形式是：

static 类型说明符 函数名(形参表)

例如：

```
static int f(int a,int b)
```

内部函数也称为静态函数。但此处静态 static 的含义已不是指存储方式，而是指对函数的调用范围只局限于本文件。因此在不同的源文件中定义同名的静态函数不会引起混淆。

6.2 外部函数

外部函数在整个源程序中都有效。

其定义的一般形式为：

extern 类型说明符 函数名(形参表)

例如：

```
extern int f(int a,int b)
```

如在函数定义中没有说明 extern 或 static，则隐含为 extern。在一个源文件的函数中调用其他源文件中定义的外部函数时，应该用 extern 说明被调函数为外部函数。例如：

```
/*F1.c（源文件一）*/
void main()
{
    extern int f1(int i);    /*外部函数说明，表示 f1 函数在其他源文件中*/
    …
}
/*F2.c（源文件二）*/
extern int f1(int i);        /*外部函数定义*/
{
    …
}
```

习题 5

一、选择题

1. 以下不正确的概念是（　）。
   A．函数不能嵌套定义，但可以嵌套调用
   B．main 函数由用户定义，并可以被调用
   C．程序的整个运行最后在 main 函数中结束
   D．在 C 语言中以源文件而不是以函数为单位进行编译
2. 以下概念正确的是（　）。
   A．形参是虚设的，所以它始终不占用存储单元
   B．实参与它所对应的形参可能占用不同的存储单元
   C．实参与它所对应的形参占用同一个存储单元
   D．实参与它所对应的形参同名时可占用同一个存储单元
3. 以下不正确的说法是（　）。
   A．在 C 语言中允许函数递归调用
   B．函数值类型与返回值类型出现矛盾时，以函数值类型为准
   C．形参可以是常量、变量或表达式
   D．C 语言规定，实参变量对形参变量的数值传递是“值传递”
4. 在函数中未指定存储类别的变量，其隐含的存储类别为（　）。

A．静态　　　　　　　　B．自动

C．外部　　　　　　　　D．存储器

5．以下函数调用语句中，含有实参的个数为（　）：

fun((a,b),(c,d,e));

A．1　　　　B．2　　　　C．4　　　　D．5

二、填空题

1．在定义一个函数时若不加类型声明，则它隐含的类型为________。

2．函数嵌套调用与递归调用的区别是________。

3．下列程序的运行结果是________。

```
f()
{
    int  a=3;
    static  b=4;
    a+=3;
    b+=3;
    printf("a=%d,b=%d\n",a,b);
}
main()
{   f();     f();     }
```

4．下列程序的运行结果是________。

```
add(int a,int b,int c)
{
    c=a+b;a=a*a;b=b*b;
    printf("*a=%d b=%d c=%d\n",a,b,c);
}
main()
{
    int  a=1,b=2,c=3;
    printf("#a=%d b=%d c=%d\n",a,b,c);
    add(a,b,c);
    printf("!a=%d b=%d c=%d\n",a,b,c);
}
```

5．以下程序运行后的输出结果是________。

```
int  f1(int x,int y)  {return  x>y ? x:y;}
int  f2(int x,int y)  {return  x>y ? y:x;}
main()
{
    int  a=4,b=3,c=5,d=2,e,f,g;
    e=f2(f1(a,b),f1(c,d));
    f=f1(f2(a,b),f2(c,d));
    g=a+b+c+d-e-f;
    printf("%d,%d,%d\n",e,f,g);
}
```

三、编程题

1．编写两个函数，分别求两个整数的最大公约数和最小公倍数，用主函数调用这两个函数，并输出结果，两个整数由键盘输入。

2．求方程 $ax^2+bx+c=0$ 的根，用 3 个函数分别求当 b^2-4ac 大于 0、等于 0 和小于 0 时的根并输出结果。从主函数输入 a、b、c 的值。

3．编写一个判定素数的函数，在主函数输入一个整数，输出是否是素数的信息。

4．编写一函数，使给定的一个二维数组（3×3）转置，即行列互换。

5．编写一函数，将两个字符串连接。

第 6 章　指针

C 语言灵活方便、功能很强，但另一方面 C 语言又不容易学、容易出错，准确地说是入门容易提高难。这一说法的主要原因就在于 C 语言的指针。指针是 C 语言中的一个重要概念，利用指针变量可以表示各种复杂的数据结构；能很方便地使用数组和字符串；并能动态分配内存，能够使程序精练而高效。因此学习指针是学习 C 语言中最重要的一环，能否正确理解和使用指针是我们是否掌握 C 语言的一个标志。同时，指针也是 C 语言中最为困难的一部分，在学习中除了要正确理解基本概念外，还必须要多编程，多上机调试。

知识点 1　指针与指针变量

1.1　指针及指针变量的概念

在计算机中，所有的数据都是存放在存储器中的。存储器中的基本单位是字节，也就是说一个字节称为一个内存单元，不同的数据类型所占用的内存单元数不等。例如，有如下变量定义：

```
int i, j, k;
```

C 语言会为 i、j、k 三个变量各分配 2 个字节的存储空间（TC 环境下），如图 6.1（a）所示。每一个存储空间都有一个地址，称为内存单元的地址。当给变量赋值时，实质上就是在相应的内存单元内填上相应的内容，如执行如下赋值操作后，存储空间变为如图 6.1（b）所示：

```
i=2;
j=4;
k=i+j;
```

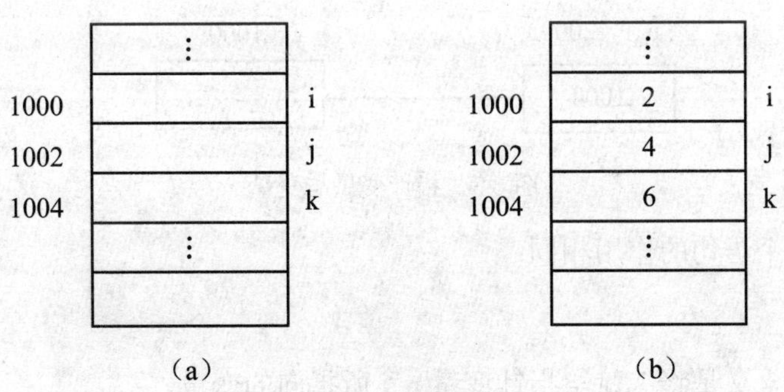

图 6.1　变量的直接访问

通常所说的根据变量访问内存实质上就是根据内存单元的地址来存取内存单元的内容。如 k=i+j，分别找到变量 i、j 的内存单元地址 1000 和 1002，并读取内容 2 和 4，相加后放置在内存单元地址 1004 中。

需要注意的是，内存单元的地址和内存单元的内容是两个不同的概念，如同去仓库取货物，仓库的编号或地址是内容单元地址，而货物是内存单元的内容。

现在可以给出指针的定义，指针就是内存单元的地址，表示指向该内存单元。对于简单变量来说，指针就是该变量的存储空间的地址，但对于复杂的数据结构如数组以及下一章要讲的结构体来说，包括函数，由于这类数据的存储是内存中的一段连续空间，因此该数据结构的指针是该类型数据存储空间的首地址。

存取变量 i 的值是通过直接访问地址为 1000 的内存单元，也可以把变量 i 的地址存放在另一个存储单元，如 2000 中。该存储单元的地址为 2000，存储内容是变量 i 的地址 1000，存储单元名是 p_i，如图 6.2 所示。访问 i 时，可以通过变量 p_i 的内存地址找到变量 i 的地址，再读取该内存单元的内容，该访问方式为变量的间接访问。变量 p_i 就是指针变量。

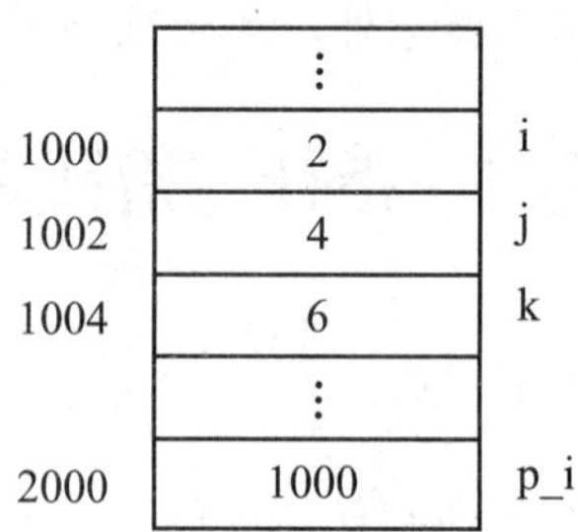

图 6.2 变量的间接访问

可以说一个指针是一个地址，是一个常量。而一个指针变量却可以被赋予不同的指针值，是变量。“指针变量”是指取值为地址的变量。定义指针的目的是为了通过指针去访问内存单元。准确地说，变量（如 p_i）的指针就是另一个变量（如 i）的地址。存放变量地址的变量是指针变量（如 p_i）。即在 C 语言中，允许用一个变量来存放指针，这种变量称为指针变量。因此，一个指针变量的值就是某个变量的地址，或者称为某变量的指针。

为了表示指针变量和它所指向的变量之间的关系，在程序中用“*”符号表示“指向”，例如，p_i 代表指针变量，而*p_i 为所指向的变量 i，如图 6.3 所示。

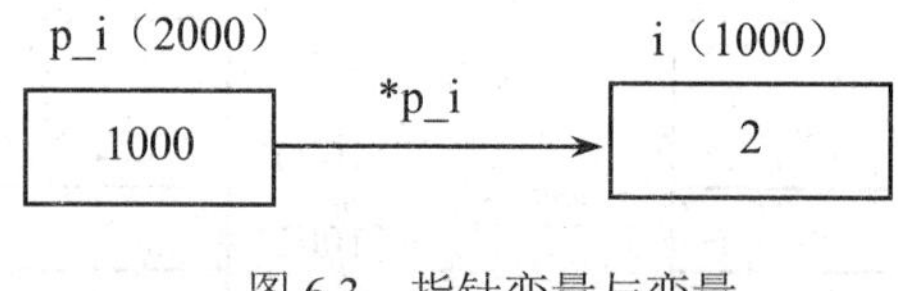

图 6.3 指针变量与变量

因此，下面两个语句的作用相同：

```
i=2;
*p_i=2;
```

第二个语句的含义是将 2 赋给指针变量 p_i 所指向的变量。

1.2 指针变量的定义及初始化

对指针变量的定义包括 3 个内容：

（1）指针类型说明，即定义变量为一个指针变量。

（2）指针变量名。

（3）变量值（指针）所指向的变量的数据类型。

格式：

类型说明符 *变量名;

其中，*表示这是一个指针变量，变量名即为定义的指针变量名，类型说明符表示本指针变量所指向的变量的数据类型，它可以是任何有效的 C 语言数据类型。

例如：

```
int *p1;
```

表示 p1 是一个指针变量，它的值是某个整型变量的地址。或者说 p1 指向一个整型变量。至于 p1 究竟指向哪一个整型变量，应由向 p1 赋予的地址来决定。

再如：

```
int *p2;        /*p2 是指向整型变量的指针变量*/
float *p3;      /*p3 是指向浮点变量的指针变量*/
char *p4;       /*p4 是指向字符变量的指针变量*/
```

应该注意的是，一个指针变量只能指向同类型的变量，如 p3 只能指向浮点型变量，不能时而指向一个浮点变量，时而又指向一个字符变量。

指针变量同普通变量一样，使用之前不仅要定义说明，而且必须赋予具体的值。未经赋值的指针变量不能使用，否则不仅破坏你的程序，甚至可能导致计算机操作系统被破坏。指针变量的赋值只能赋予地址，绝对不能赋予任何其他数据，否则将引起错误。

指针变量初始化的方法：

```
int a;
int *p=&a;
```

其中，&为取地址运算符，详见下面的内容。

【案例 6-1】指针变量使用示例。

```
#include <stdio.h>
main()
{
  int a, *p1=&a;
  float b, *p2=&b;
  a=3;b=5;
  printf("a=%d,b=%f",*p1,*p2);
}
```

程序说明：本例定义了整型变量 a 和实型变量 b，同时又定义了分别指向 a、b 的指针变量 p1 和 p2，并在定义变量的时候分别将 a、b 的地址赋给了 p1 和 p2，这些都在初始化工作中完成，最后为 a、b 赋值，并通过指针变量 p1 和 p2 输出 a、b 的值。最后的输出结果为：

```
a=3,b=5.000000
```

需要说明的是，对于静态和外部存储类型的指针变量，如果定义时不初始化，则编译系统将自动将指针变量初始化为 NULL；而自动存储类型的指针变量，如果没有进行初始化，编译时不会将其设置 NULL 初值，它的值不可知。

1.3 指针的运算

指针变量可以进行某些运算，但其运算的种类是有限的。它只能进行赋值运算和部分算术运算及关系运算。

1．指针运算符

（1）取地址运算符&：取地址运算符&是单目运算符，其结合性为自右至左，其功能是取变量的地址。在 scanf 函数及前面介绍的指针变量赋值中，已经了解并使用了&运算符。

格式：

&变量名;

如&a 表示变量 a 的地址，&b 表示变量 b 的地址，要注意变量名是已经定义过的变量。

（2）取内容运算符*：运算符*是单目运算符，其结合性为自右至左，用来表示指针变量所指的变量。在*运算符之后跟的变量必须是指针变量。

需要注意的是，指针运算符*和指针变量说明中的指针说明符*不是一回事。在指针变量说明中，“*”是类型说明符，表示其后的变量是指针类型；而表达式中出现的“*”则是一个运算符，用以表示指针变量所指的变量。

2．赋值运算

指针变量可以在定义时赋值（初始化），也可以使用赋值语句。

设有指向整型变量的指针变量 p，如要把整型变量 a 的地址赋予 p：

```
int a=10,b;
int *p;
p=&a;
b=*p;
```

以上定义了两个整型变量 a、b，还定义了一个指向整型数的指针变量 p。a、b 中可以存放整数，而 p 中只能存放整型变量的地址。把 a 的地址赋给 p：

```
p=&a;
```

以后便可以通过指针变量 p 间接访问变量 a，例如：

```
b=*p;
```

运算符*访问以 p 为地址的存储区域，而 p 中存放的是变量 a 的地址，因此，*p 访问的是 a 所占用的存储区域，也就是说*p 等同于 a，所以上面的赋值表达式等价于

```
b=a;
```

不允许把一个数赋予指针变量，故下面的赋值是错误的：

```
int *p;
p=10;
```

被赋地址值的指针变量前不能再加“*”说明符，如写为*p=&a 也是错误的（注意初始化的写法）。

另外，指针变量和一般变量一样，存放在它们之中的值是可以改变的，也就是说可以改变它们的指向，假设：

```
int i,j,*p1,*p2;
i='a';
j='b';
p1=&i;
p2=&j;
```

则建立如图 6.4（a）所示的联系。

如果有赋值语句：

p2=p1;

就使 p2 与 p1 指向同一对象 i，此时*p2 就等价于 i，而不是 j，如图 6.4（b）所示。

如果执行如下语句：

*p2=*p1;

则表示把 p1 所指向的单元内容赋给 p2 所指的区域，此时就变成如图 6.4（c）所示。

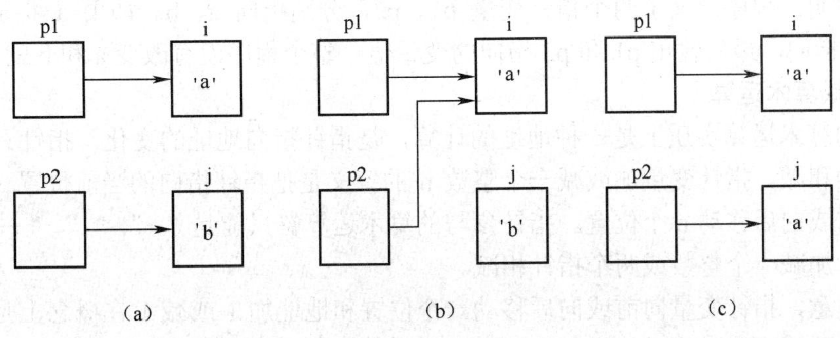

图 6.4 指针与变量

【案例 6-2】指针运算符使用示例。

```
#include <stdio.h>
main()
{
    int a,b;
    int *pointer_1, *pointer_2;
    a=100;b=10;
    pointer_1=&a;
    pointer_2=&b;
    printf("%d,%d\n",a,b);
    printf("%d,%d\n",*pointer_1, *pointer_2);
}
```

程序说明：

（1）在开头处虽然定义了两个指针变量 pointer_1 和 pointer_2，但它们并未指向任何一个整型变量，只是提供两个指针变量，规定它们可以指向整型变量。程序第 7、8 行的作用就是使 pointer_1 指向 a，pointer_2 指向 b。

（2）最后一行的*pointer_1 和*pointer_2 就是变量 a 和 b。最后两个 printf 函数的作用是相同的。

（3）程序中有两处出现*pointer_1 和*pointer_2，请区分它们的不同含义。

（4）程序第 7、8 行的“pointer_1=&a”和“pointer_2=&b”不能写成“*pointer_1=&a”和“*pointer_2=&b”。

【案例 6-3】输入 a 和 b 两个整数，按先大后小的顺序输出 a 和 b 的值。

```
#include  <stdio.h>
main()
{
    int *p1,*p2,*p,a,b;
    scanf("%d,%d",&a,&b);
```

```
    p1=&a;p2=&b;
    if(a<b)
     {p=p1;p1=p2;p2=p;}
     printf("\na=%d,b=%d\n",a,b);
     printf("max=%d,min=%d\n",*p1, *p2);
}
```

程序说明：程序定义了两个指针变量 p1、p2，分别指向 a、b。如果 a 小于 b，则交换 p1 和 p2 的指向，最后输出 p1 和 p2 指向的变量值。整个程序没有改变 a 和 b 的值。

3．加减算术运算

指针的算术运算实质上是一种地址的计算，是指针指向地址的变化。指针只有两种算术运算，即加和减。指针变量加或减一个整数 n 的意义是把指针指向的当前位置（指向某数组元素）向前或向后移动 n 个位置。指针参与的算术运算符只能是“+”、“-”、“++”、“--”，即只能让指针加减一个整数或两个指针相减。

应该注意，指针变量向前或向后移动一个位置和地址加 1 或减 1 在概念上是不同的。在 16 位机上一个字符型变量占一个字节，指向它的指针变量加 1 时地址也加 1；一个整型变量占两个字节（TC 环境）指向它的指针加 1 则地址加 2；一个单精度浮点型变量占 4 个字节，则指向它的指针加 1 时地址值加 4。

指针变量的加减运算只能对数组指针变量进行，对指向其他类型变量的指针变量作加减运算是毫无意义的。

【案例 6-4】输出指针所指单元值和指针地址的示例。

```
#include   <stdio.h>
main()
{
   int i;
   float *p;
   static float a[5]={1.0,2.0,3.0,4.0,5.0};
   p=&a[0];                                  /*对指针变量 p 赋初始地址*/
   for(i=0;i<5;i++)                          /*输出指针变量中的值*/
      printf("%lx\n",p++);
   p-=5;                                     /*使指针变量 p 重新指向 a[0]*/
   printf("%lx\n",p);
    for(i=0;i<5;i++)
         printf("%f\n",*p++);                /*输出指针变量 p 所指向单元的值*/
}
```

本例运行结果如下：

```
ee30194
ee30198
ee3019c
ee301a0
ee301a4
ee30194
1.0000
```

2.0000
3.0000
4.0000
5.0000

程序说明：该程序定义了一个静态浮点型数组 a 和一个指向浮点型变量的指针 p，并将指针指向数组的首元素，由于数组在内存中的存放是连续的，因此地址也是连续的。虽然不同机器上运行的指针地址结果可能不同，但是注意结果中地址的变化值。

实际上指针不但有自加运算、自减运算或者加上、减去一个整数，两个指针之间也可以相减。这要求两个指针指向同一数组或指向同一数据结构。若两指针均指向同一数组中的元素，相减所得之差是两个指针所指数组元素之间相差的元素个数，实际上是两个指针值（地址）相减之差再除以该数组元素的长度（字节数）。例如 pf1 和 pf2 是指向同一单精度浮点数组的两个指针变量，设 pf1 的值为 0x2010，pf2 的值为 0x2000，而单精度浮点数组每个元素占 4 个字节，所以 pf1-pf2 的结果为(0x2000-0x2010)/4=-4，表示 pf1 和 pf2 之间相差 4 个元素。两个指针变量不能进行加法运算。

在此，总结一下指针的算术运算，假设 p、q 为指针，n 为整数，则 p+n、p-n、p++、p--、++p、--p、p-q 都是合法的，而 p*n、p/n、p%n、p+q 等均无意义。

4．关系运算

指针变量不但有赋值运算和算术运算，还可以有关系运算，关系运算符有<、<=、>、>=、==、!=。

两指针变量进行关系运算的前提是这两个指针均指向同一数组或结构。两指针变量进行关系运算可以表示它们所指数组元素之间的关系。

例如，pf1==pf2，表示 pf1 和 pf2 指向同一数组元素；pf1>pf2，表示 pf1 处于高地址位置；pf1<pf2，表示 pf1 处于低地址位置。

指针变量还可以与 0 比较。

设 p 为指针变量，则 p==0 表明 p 是空指针，它不指向任何变量；p!=0 表示 p 不是空指针。

空指针是由对指针变量赋予 0 值而得到的。

例如：

```
#define NULL 0
int *p=NULL;
```

对指针变量赋 0 值和不赋值是不同的。指针变量未赋值时，可以是任意值，是不能使用的，否则将造成意外错误。而指针变量赋 0 值后，则可以使用，只是它不指向具体的变量而已。

现以一个堆栈来解释指针的关系操作。堆栈是一个“先进后出”表，堆栈技术经常在编译程序、解释程序和其他系统软件中被采用，为了构造一个堆栈，需要用到两个子函数：push()和 pop()。push()函数将数压入堆栈，pop()函数将数从堆栈中弹出，tos 表示堆栈的栈底，来避免压入数据时堆栈溢出或弹出堆栈时栈空。

【案例 6-5】在堆栈操作中使用指针示例。

```
#include   <stdio.h>
#include   <stdlib.h>
```

```
int *p1, *tos;
main()
{
    int value;
    p1=(int *)malloc(50*sizeof(int));           /*分配内存单元*/
    if (!p1)                                    /*若分配内存单元失败则返回*/
    {
        printf("allocation failure\n");
        return;
    }
    tos=p1;                                     /*用指针变量 tos 保存栈底位置*/
    do {
            scanf("%d",&value);
            if (value!=0) push(value);          /*若输入数据不为 0，则将该数据入栈*/
            else printf("this is it %d/n",pop());
        } while (value!=-1);
}

push(int i)
{
     p1++;
     if (p1==(tos+50))                          /*判断当前指针位置是否是栈顶*/
     {
        printf("stack overflow");
        exit(1);
     }
    *p1=i;
}
pop()
{
    if ((p1)==tos)                              /*判断当前指针位置是否是栈底*/
    {
        printf("stack underflow");
        exit(1);
    }
    p1--;
    return *(p1+1);
}
```

程序说明：主程序利用 malloc()函数建立了大小为 50 个整型变量长度的堆栈，用指针指向堆栈的首地址并用指针 tos 保存栈底位置。然后根据输入的数据来调用 push()（入栈操作）、pop()（出栈操作）和结束。入栈时根据当前指针位置判断是否栈顶（p1==(tos+50)），如果不是，在当前指针指向的内存空间存放数据（*p1=i）；出栈操作首先判断栈是否为空，即 p1 是否等于 tos，如果是，表明堆栈无数据；否则当前指针 p1 下移。

知识点 2　指针与数组

2.1　数组的指针表示

指针与数组的关系十分密切，实际上指针最常用来指向数组元素，这是因为数组元素在存储空间的连续存放使得指针的算术运算和关系运算变得有意义。

一个数组是由连续的一块内存单元组成的，数组的指针是指数组的起始地址，其实数组名就是这块连续内存单元的首地址。一个数组也是由各个数组元素（下标变量）组成的，数组元素的指针是数组元素的地址。每个数组元素按其类型不同占有几个连续的内存单元。一个数组元素的首地址也是指它所占有的几个内存单元的首地址。

定义一个指向数组元素的指针变量的方法与以前介绍的定义指针变量的相同。

数组指针变量说明的一般形式为：

类型说明符　*指针变量名;

其中类型说明符表示所指数组的类型。从一般形式可以看出，指向数组的指针变量和指向普通变量的指针变量的说明是相同的。

例如：

```
int a[10];        /*定义 a 为包含 10 个整型数据的数组*/
int *p;           /*定义 p 为指向整型变量的指针*/
```

应当注意，因为数组为 int 型，所以指针变量也应为指向 int 型的指针变量。下面是对指针变量赋值：

```
p=&a[0];
```

把 a[0]元素的地址赋给指针变量 p。也就是说，p 指向 a 数组的第 0 号元素。

由于数组名代表数组的首地址，也就是第 0 号元素的地址。因此，下面两个语句等价：

```
p=&a[0];
p=a;
```

在定义指针变量时可以赋给初值：

```
int *p=&a[0];
```

或

```
int *p=a;
```

从图 6.5 中可以看出有以下关系：p、a、&a[0]均指向同一单元，它们是数组 a 的首地址，也是 0 号元素 a[0]的首地址。应该说明的是 p 是变量，而 a、&a[0]在本程序中都是常量。在编程时应予以注意。

C 语言规定：如果指针变量 p 已指向数组中的一个元素，则 p+1 指向同一数组中的下一个元素。

引入指针变量后，就可以用两种方法来访问数组元素了。

如果 p 的初值为&a[0]，则：

（1）p+i 和 a+i 就是 a[i]的地址，或者说它们指向 a 数组的第 i 个元素。

（2）*(p+i)或*(a+i)就是 p+i 或 a+i 所指向的数组元素，即 a[i]。例如，*(p+5)或*(a+5)就是 a[5]。

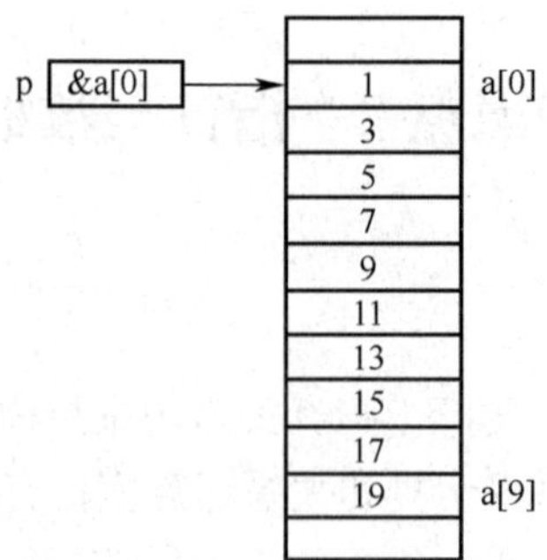

图 6.5 指针与数组

（3）指向数组的指针变量也可以带下标，如 p[i]与*(p+i)等价。

根据以上叙述，引用一个数组元素可以用以下两种方法：

- 下标法，即用 a[i]形式访问数组元素。在前面介绍数组时都是采用这种方法。
- 指针法，即采用*(a+i)或*(p+i)形式，用间接访问的方法来访问数组元素，其中 a 是数组名，p 是指向数组的指针变量，在此处 p=a。

【案例 6-6】输出数组中的全部元素（通过数组名计算元素的地址，找出元素的值）。

```
#include  <stdio.h>
main()
{
  int a[10],i;
  for(i=0;i<10;i++)
     *(a+i)=i;
  for(i=0;i<10;i++)
     printf("a[%d]=%d\n",i,*(a+i));
}
```

程序说明：程序利用数组名 a 访问数组中的各个元素，包括输入和输出，a+i 为数组中第 i 个元素的地址，*(a+i)为该地址中存放的整型值。

【案例 6-7】输出数组中的全部元素（用指针变量指向元素）。

```
#include  <stdio.h>
main()
{
    int a[10],i,*p;
    p=a;
    for(i=0;i<10;i++)
       *(p+i)=i;
    for(i=0;i<10;i++)
       printf("a[%d]=%d\n",i,*(p+i));
}
```

注意指针变量可以实现本身的值的改变,如 p++是合法的；而 a++是错误的。因为 a 是数组名，它是数组的首地址，是常量。

2.2 数组名或指向数组的指针变量作函数参数

现实生活中经常遇到对数组的各种操作，如将数组的各元素排序、求矩阵的乘积等，这就需要通过函数来处理这些操作，由主函数读入数据，然后调用这些函数并输出。因此数据在函数间的传递是经常的，而 C 语言的参数传递通常是按值传递的，特别是需要返回多个值时，return 语句是做不到的，只有按地址来传递参数。使用数组名或指向数组的指针变量则可以实现按地址传递，作为函数参数有如图 6.6 所示的几种情况。

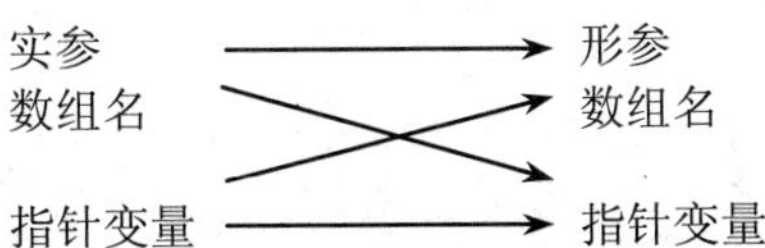

图 6.6　数组名和指针变量作为函数参数的关系

以数组名为例作函数的实参和形参的具体形式如下：

```
main()
{
    int array[10];
    …
    …
    f(array,10);
    …
    …
}

f(int arr[],int n);
{
    …
    …
}
```

array 为实参数组名，arr 为形参数组名。在学习指针变量之后就更容易理解这个问题了。数组名就是数组的首地址，实参向形参传送数组名实际上就是传送数组的地址，形参得到该地址后也指向同一数组，如图 6.7 所示。这就好像同一件物品有两个彼此不同的名称一样。

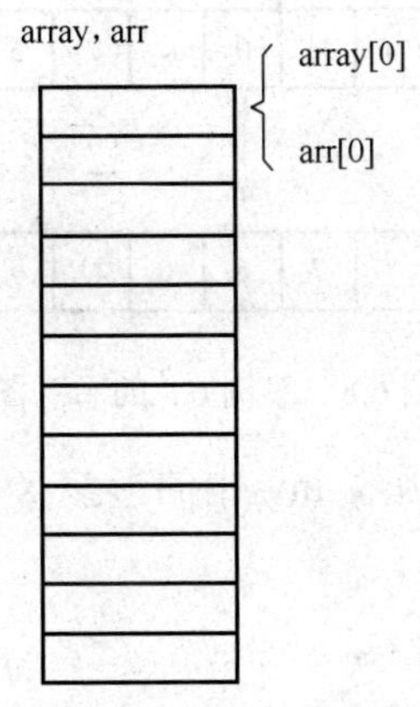

图 6.7　数组名作为函数参数的示意图

【案例 6-8】将数组 a 中的 n 个整数按相反顺序存放。

```
#include  <stdio.h>
void inv(int x[],int n)
{
    int temp,i,j,m=(n-1)/2;
    for(i=0;i<=m;i++)
    {
        j=n-1-i;
        temp=x[i];x[i]=x[j];x[j]=temp;
    }
    return;
}
main()
{
    int i,a[10]={3,7,9,11,0,6,7,5,4,2};
    printf("The original array:\n");
    for(i=0;i<10;i++)
      printf("%d,",a[i]);
    printf("\n");
    inv(a,10);
    printf("The array has benn inverted:\n");
    for(i=0;i<10;i++)
      printf("%d,",a[i]);
    printf("\n");
}
```

程序说明：将 a[0]与 a[n-1]对换，再将 a[1]与 a[n-2] 对换，……，直到将 a[(n-1/2)]与 a[n-int((n-1)/2)]对换。程序用循环处理此问题，设两个位置指示变量 i 和 j，i 的初值为 0，j 的初值为 n-1。将 a[i]与 a[j]交换，然后使 i 的值加 1，j 的值减 1，再将 a[i]与 a[j]交换，直到 i=(n-1)/2 为止，如图 6.8 所示。

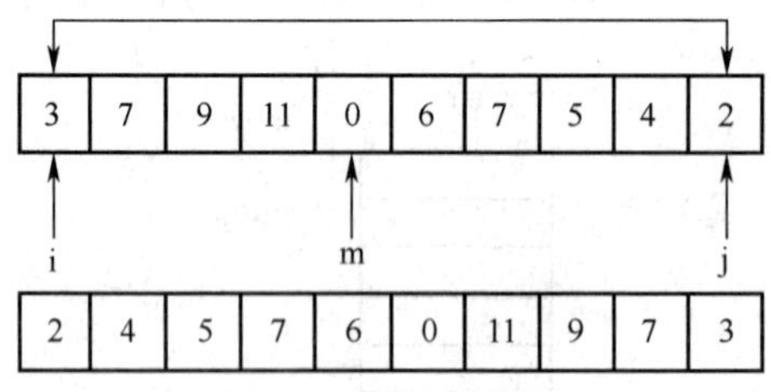

图 6.8 案例 6.8 的示意图

对此程序可以作一些改动，将函数 inv 中的形参 x 改成指针变量，改写成案例 6-9 的形式。

【案例 6-9】改写案例 6-8。

```
#include  <stdio.h>
void inv(int *x,int n)     /*形参 x 为指针变量*/
```

```
{
    int *p,temp,*i,*j,m=(n-1)/2;
    i=x;j=x+n-1;p=x+m;
    for(;i<=p;i++,j--)
    {temp=*i;*i=*j;*j=temp;}
    return;
}
main()
{
    int i,a[10]={3,7,9,11,0,6,7,5,4,2};
    printf("The original array:\n");
    for(i=0;i<10;i++)
        printf("%d,",a[i]);
    printf("\n");
    inv(a,10);
        printf("The array has benn inverted:\n");
    for(i=0;i<10;i++)
        printf("%d,",a[i]);
    printf("\n");
}
```

运行情况与前一程序相同。

【案例 6-10】从 10 个数中找出其中的最大值和最小值。

调用一个函数只能得到一个返回值，今用全局变量在函数之间“传递”数据。程序如下：

```
#include    <stdio.h>
int max,min;          /*全局变量*/
void max_min_value(int array[],int n)
{
    int *p,*array_end;
    array_end=array+n;
    max=min=*array;
    for(p=array+1;p<array_end;p++)
        if(*p>max)max=*p;
        else if (*p<min) min=*p;
    return;
}
main()
{
    int i,number[10];
    printf("enter 10 integer umbers:\n");
    for(i=0;i<10;i++)
        scanf("%d",&number[i]);
    max_min_value(number,10);
    printf("\nmax=%d,min=%d\n",max,min);
}
```

程序说明：

（1）在函数 max_min_value 中求出的最大值和最小值放在 max 和 min 中。由于它们是全局变量，因此在主函数中可以直接使用。

（2）函数 max_min_value 中的语句：

max=min=*array;

array 是数组名，它接收从实参传来的数组 numuber 的首地址。

array 相当于(&array[0])。上述语句与 max=min=array[0];等价。

（3）在执行 for 循环时，p 的初值为 array+1，也就是使 p 指向 array[1]。以后每次执行 p++，使 p 指向下一个元素。每次将*p 和 max 与 min 比较，将大者放入 max，小者放入 min。

【案例 6-11】用选择法对 10 个整数排序。

```
#include  <stdio.h>
main()
{
    int *p,i,a[10]={3,7,9,11,0,6,7,5,4,2};
    printf("The original array:\n");
    for(i=0;i<10;i++)
        printf("%d,",a[i]);
    printf("\n");
    p=a;
    sort(p,10);
    for(p=a,i=0;i<10;i++)
        {printf("%d   ",*p);p++;}
    printf("\n");
}
sort(int x[],int n)
{
    int i,j,k,t;
    for(i=0;i<n-1;i++)
    {
      k=i;
      for(j=i+1;j<n;j++)
        if(x[j]>x[k])k=j;
        if(k!=i)
        {t=x[i];x[i]=x[k];x[k]=t;}
    }
}
```

程序说明：函数 sort 用数组名作为形参，也可改为用指针变量，这时函数的首部可以改为：sort(int *x,int n)，其他可一律不改。

2.3 指向多维数组的指针变量

以上介绍的是指向一维数组的指针变量，对于多维数组元素的访问也可以使用指针变量来描述，但在概念上和理解上多维数组的指针要复杂一些，现以二维数组为例介绍多维数组的指针变量。

先了解二维数组的存储结构和地址的表达形式。设有整型二维数组 a[3][4]如下：

0　1　2　3

4　5　6　7

8　9　11　12

它的定义为：

```
int a[3][4]={{0,1,2,3},{4,5,6,7},{8,9,11,12}}
```

设数组 a 的首地址为 1000，各下标变量的首地址及其值如图 6.9 所示（设为 TC 环境）。

1000 0	1002 1	1004 2	1006 3
1008 4	1010 5	1012 6	1014 7
1016 8	1018 9	1020 11	1022 12

图 6.9　二维数组的存储结构

C 语言允许把一个二维数组分解为多个一维数组来处理。因此数组 a 可分解为 3 个一维数组，即 a[0]、a[1]、a[2]。每一个一维数组又含有 4 个元素，如图 6.10 所示。

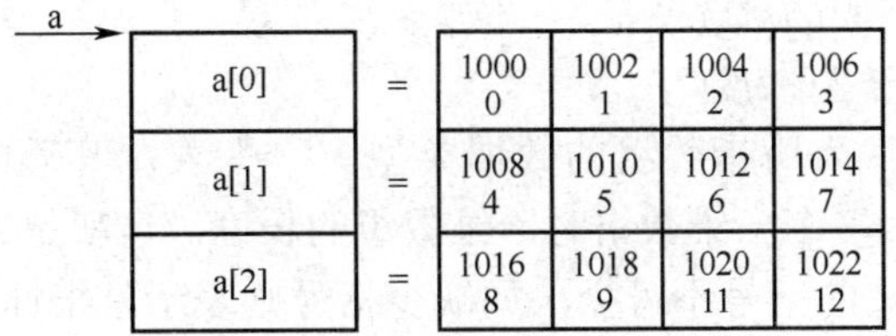

图 6.10　二维数组的分解

例如 a[0]数组，含有 a[0][0]、a[0][1]、a[0][2]、a[0][3]四个元素。

数组及数组元素的地址表示如下：从二维数组的角度来看，a 是二维数组名，a 代表整个二维数组的首地址，也是二维数组 0 行的首地址，等于 1000；a+1 代表第　行的首地址，等于 1008，如图 6.11 所示。

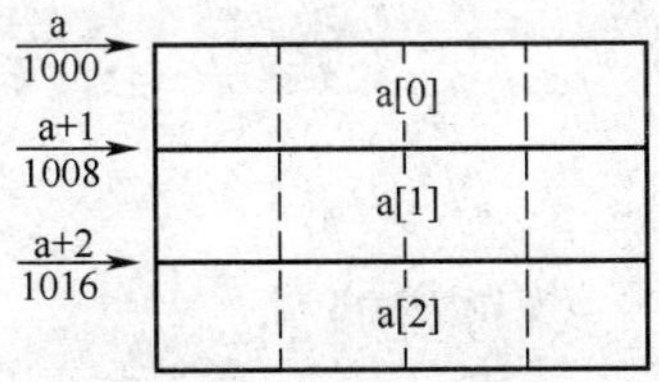

图 6.11　二维数组的寻址

a[0]是第一个一维数组的数组名和首地址，因此也为 1000。*(a+0)或*a 是与 a[0]等效的，它表示一维数组 a[0]的第 0 号元素的首地址，也为 1000。&a[0][0]是二维数组 a 的 0 行 0 列元素的首地址，同样是 1000。因此，a、a[0]、*(a+0)、*a、&a[0][0]是相等的。

同理，a+1 是二维数组 1 行的首地址，等于 1008。a[1]是第二个一维数组的数组名和首地址，因此也为 1008。&a[1][0]是二维数组 a 的 1 行 0 列元素的地址，也是 1008。因此 a+1、a[1]、*(a+1)、&a[1][0]是等同的。

由此可以得出：a+i、a[i]、*(a+i)、&a[i][0]是等同的。

此外，&a[i]和 a[i]也是等同的。因为在二维数组中不能把&a[i]理解为元素 a[i]的地址，不存在元素 a[i]。C 语言规定，它是一种地址计算方法，表示数组 a 第 i 行的首地址。由此可以得出：a[i]、&a[i]、*(a+i)和 a+i 也都是等同的。

另外，a[0]也可以看成是 a[0]+0，是一维数组 a[0]的 0 号元素的首地址，而 a[0]+1 是 a[0]的 1 号元素的首地址，由此可以得出 a[i]+j 是一维数组 a[i]的 j 号元素的首地址，它等于&a[i][j]。

由 a[i]=*(a+i)得 a[i]+j=*(a+i)+j。由于*(a+i)+j 是二维数组 a 的 i 行 j 列元素的首地址，所以，该元素的值等于*(*(a+i)+j)。

把二维数组 a 分解为一维数组 a[0]、a[1]、a[2]之后，设 p 为指向二维数组的指针变量，可定义为：

```
int (*p)[4]
```

它表示 p 是一个指针变量，它指向包含 4 个元素的一维数组。若指向第一个一维数组 a[0]，其值等于 a、a[0]或&a[0][0]等。而 p+i 则指向一维数组 a[i]。从前面的分析可以得出*(p+i)+j 是二维数组 i 行 j 列元素的地址，而*(*(p+i)+j)是 i 行 j 列元素的值。

二维数组指针变量说明的格式为：

类型说明符 (*指针变量名)[长度]

其中“类型说明符”为所指数组的数据类型。“*”表示其后的变量是指针类型。“长度”表示二维数组分解为多个一维数组时一维数组的长度，也就是二维数组的列数。应该注意“(*指针变量名)”两边的括号不可少，如缺少括号则表示是指针数组（本章后面介绍），意义就完全不同了。

【案例 6-12】用指针变量输出二维数组元素的值。

```
#include  <stdio.h>
main()
{
    int a[3][4]={0,1,2,3,4,5,6,7,8,9,10,11};
    int(*p)[4];
    int i,j;
    p=a;
    for(i=0;i<3;i++)
    {
      for(j=0;j<4;j++) printf("%2d    ",*(*(p+i)+j));
        printf("\n");
    }
}
```

程序说明：程序利用指向数组的指针变量 p 访问二维数组 a[][]，i 表示行，j 表示列；p+i 表示第 i 行元素的首地址，*(p+i)相当于 a[i]，*(p+i)+j 等同于 a[i][j]的地址，则*(*(p+i)+j)=a[i][j]。

2.4 指针数组

一个数组，它的各个元素都是指针变量，这个数组称为指针数组。指针数组是一组有序的指针变量的集合。指针数组的所有元素都必须是具有相同存储类型和指向相同数据类型的指针变量。

指针数组说明的格式为：

类型说明符 *数组名[数组长度];

其中类型说明符为指针值所指向的变量的类型。

例如：

int *pa[3];

表示 pa 是一个指针数组，它有 3 个数组元素，每个元素值都是一个指针变量，指向整型变量。通常可以用一个指针数组来指向一个二维数组。指针数组中的每个元素被赋予二维数组每一行的首地址，因此也可理解为指向一个一维数组。

【案例 6-13】用指针数组、指针变量输出二维数组。

```
#include  <stdio.h>
main()
{
    int a[3][3]={1,2,3,4,5,6,7,8,9};
    int *pa[3]={a[0],a[1],a[2]};
    int *p=a[0];
    int i;
    for(i=0;i<3;i++)
        printf("%d,%d,%d\n",a[i][2-i],*a[i],*(*(a+i)+i));
    for(i=0;i<3;i++)
        printf("%d,%d,%d\n",*pa[i],p[i],*(p+i));
}
```

程序说明：本例程序中，pa 是一个指针数组，3 个元素分别指向二维数组 a 的各行。然后用循环语句输出指定的数组元素。其中*a[i]表示 i 行 0 列的元素值，*(*(a+i)+i)表示 i 行 i 列的元素值，*pa[i]表示 i 行 0 列的元素值；由于 p 与 a[0]相同，故 p[i]表示 0 行 i 列的值，*(p+i)表示 0 行 i 列的值。读者可仔细领会元素值的各种不同的表示方法。

应该注意指针数组和二维数组指针变量的区别。这两者虽然都可用来表示二维数组，但是其表示方法和意义是不同的。

二维数组指针变量是单个的变量，其一般形式中“(*指针变量名)”两边的括号不可少。而指针数组类型表示的是多个指针（一组有序指针），在一般形式中“*指针数组名”两边不能有括号。

例如：

int (*p)[3];

表示一个指向二维数组的指针变量。该二维数组的列数为 3 或分解为一维数组的长度为 3。

int *p[3];

表示 p 是一个指针数组，有 3 个下标变量 p[0]、p[1]、p[2]均为指针变量。

【案例 6-14】将两个 3 行 4 列二维表格中的数据对应相加和相乘，它们的和与积分别放在另外两个新的同样结构的二维表中。

```
#include  <stdio.h>
void inputs(array)                      /*输入数组*/
int (*array)[4];
```

```
{
    int row,col;
    for (row=0;row<3;row++)
        for (col=0;col<4;col++)
            scanf("%d",*(array+row)+col);
    return;
}
void outputs(array)                    /*输出数组*/
int (* array)[4];
{
    int row,col;
    for (row=0;row<3;row++)
      {
        for (col=0;col<4;col++)
          printf("%4d",*(array[row]+col));
        printf("\n");
      }
    return;
}
void sum(x1,y1,z1)                      /*两个数组的元素相加*/
int (*x1)[4],(*y1)[4],(*z1)[4];
{
    int row, col;
    for (row=0;row<3;row++)
        for (col=0;col<4;col++)
            *(*(z1+row)+col)=*(*(x1+row)+col)+*(*(y1+row)+col);
    return;
}
void mul(x2,y2,z2)                      /*两个数组相乘*/
int (*x2)[4],(*y2)[4],(*z2)[4];
{
    int row, col;
      for (row=0;row<3;row++)
            for (col=0;col<4;col++)
                *(*(z2+row)+col)=*(*(x2+row)+col)**(*(y2+row)+col);
    return;
}
main()
{
    int a[3][4],b[3][4],c[3][4],d[3][4];
    int (*p1)[4],(*p2)[4],(*p3)[4],(*p4)[4];
    p1=a;p2=b;p3=c;p4=d;
    printf("Please input the elements of array a[3][4]:\n");
```

```
    inputs(p1);
    printf("Please input the elements of array b[3][4]:\n");
    inputs(p2);
    sum(p1,p2,p3);
    mul(p1,p2,p4);
    printf("output the array c[3][4]:\n");
    outputs(c);
    printf("output the array d[3][4]:\n");
    outputs(d);
}
```

程序说明：本程序定义了 4 个函数，分别是输入函数 inputs()、输出函数 outputs()、求和函数 sum()和求积函数 mul()，他们均用指针数组传递二维数组。求和、求积利用指针完成两个二维数组对应元素的和、积。

知识点 3 指针与字符串

3.1 字符串指针的定义

在 C 语言中，可以用两种方法访问一个字符串：一种方法是用字符数组存放一个字符串，然后输出该字符串；另一种方法是用字符串指针指向一个字符串。

【案例 6-15】字符数组输出示例。

```
#include    <stdio.h>
main()
{
    char string[]="I love China!";
    printf("%s\n",string);
}
```

程序说明：和前面介绍的数组属性一样，string 是数组名，它代表字符数组的首地址。因此可以将该字符串的首地址赋给一个字符型指针变量，该指针变量便指向这个字符串。

字符串指针变量的定义说明与指向字符变量的指针变量说明是相同的。只能按对指针变量的赋值不同来区别。对指向字符变量的指针变量应赋予该字符变量的地址。

例如：

```
char c,*p=&c;
```

表示 p 是一个指向字符变量 c 的指针变量。

而：

```
char *string=" I love China!";
```

则表示 string 是一个指向字符串的指针变量。把字符串的首地址赋予 string。将案例 6-15 用字符串指针变量来实现，如案例 6-16 所示。

【案例 6-16】用字符串指针变量输出字符串。

```
#include    <stdio.h>
main()
```

```
{
    char *string="I love China! ";
    printf("%s\n",string);
}
```

程序说明：本例中，首先定义 string 是一个字符指针变量，然后把字符串的首地址赋予 string（应写出整个字符串，以便编译系统把该串装入连续的一块内存单元），并把首地址送入 string。程序中的：

```
char *string="I love China!";
```

等效于：

```
char *string;
string="I love China!";
```

虽然用字符数组和字符指针变量均可实现字符串的存储和运算，但是两者是有区别的。在使用时应注意以下几个问题：

（1）字符串指针变量本身是一个变量，用于存放字符串的首地址。而字符串本身是存放在以该首地址为首的一块连续的内存空间中并以‘\0’作为结束标记的串。字符数组是由若干个数组元素组成的，它可用来存放整个字符串。

（2）对字符串指针方式：

```
char * string =" I love China!";
```

可以写为：

```
char * string;
string =" I love China!";
```

而对数组方式：

```
static char string []={"I love China!"};
```

不能写为：

```
char string[20];
string ={" I love China!"};
```

而只能对字符数组的各元素逐个赋值。

从以上几点可以看出，字符串指针变量与字符数组在使用时的区别，同时也可以看出使用指针变量更加方便。

3.2 字符串指针的使用

【案例 6-17】在输入的字符串中查找有无“k”字符。

```
#include    <stdio.h>
main()
{
   char st[20],*ps;
   int i;
   printf("input a string:\n");
   ps=st;
   scanf("%s",ps);
   for(i=0;ps[i]!='\0';i++)
      if(ps[i]=='k')
      {
          printf("there is a 'k' in the string\n");
```

```
            break;
        }
    if(ps[i]=='\0') printf("There is no 'k' in the string\n");
}
```

程序说明：程序建立一个字符串数组 st（不含空格），并用字符串指针变量 ps 带下标来访问字符串中的各个元素，依次判断是否等于“k”，直到遇到字符串结束符“\0”。

【案例 6-18】本例是把字符串指针作为函数参数使用。要求把一个字符串的内容复制到另一个字符串中，并且不能使用 strcpy 函数。函数 cpystr 的形参为两个字符指针变量。pss 指向源字符串，pds 指向目标字符串。注意表达式：(*pds=*pss)!='\0'的用法。

```
#include  <stdio.h>
cpystr(char *pss,char *pds)
{
    while((*pds=*pss)!='\0')
    {
        pds++;
        pss++;
    }
}
main()
{
    char *pa="CHINA",b[10],*pb;
    pb=b;
    cpystr(pa,pb);
    printf("string a=%s\nstring b=%s\n",pa,pb);
}
```

程序说明：在本例中，程序完成了两项工作：一是把 pss 指向的源字符串复制到 pds 所指向的目标字符串中；二是判断所复制的字符是否为'\0'，若是，则表明源字符串结束，不再循环；否则，pds 和 pss 都加 1，指向下一个字符。在主函数中，以指针变量 pa、pb 为实参，分别取得确定值后调用 cpystr 函数。由于采用的指针变量 pa 和 pss、pb 和 pds 均指向同一字符串，因此在主函数和 cpystr 函数中均可使用这些字符串。也可以把 cpystr 函数简化为以下形式：

```
cpystr(char *pss,char*pds)
    {while ((*pds++=*pss++)!='\0');}
```

即把指针的移动和赋值合并在一个语句中。进一步分析还可发现'\0'的 ASCII 码为 0，对于 while 语句只看表达式的值为非 0 就循环，为 0 则结束循环，因此也可省去“!='\0'”这一判断部分，而写为以下形式：

```
cprstr (char *pss,char *pds)
        {while (*pds++=*pss++);}
```

表达式的意义可解释为，源字符向目标字符赋值，移动指针，若所赋值为非 0，则循环；否则结束循环。这样使程序更加简洁。

【案例 6-19】输入 5 个国名并按字母顺序排列后输出。

```
#include  "string.h"
#include  <stdio.h>
main()
{
```

```
    void sort(char *name[],int n);
    void print(char *name[],int n);
    static char *name[]={ "CHINA","AMERICA","AUSTRALIA",
                          "FRANCE","GERMAN"};
    int n=5;
    sort(name,n);
    print(name,n);
}
void sort(char *name[],int n)
{
    char *pt;
    int i,j,k;
    for(i=0;i<n-1;i++)
    {
        k=i;
        for(j=i+1;j<n;j++)
            if(strcmp(name[k],name[j])>0) k=j;
        if(k!=i)
        {
            pt=name[i];
            name[i]=name[k];
            name[k]=pt;
        }
    }
}
void print(char *name[],int n)
{
    int i;
    for (i=0;i<n;i++) printf("%s\n",name[i]);
}
```

程序说明：本程序中除主函数外，另外还定义了两个函数：一个名为 sort，完成排序，其形参为指针数组 name，即为待排序的各字符串数组的指针，形参 n 为字符串的个数；另一个函数名为 print，用于排序后字符串的输出，其形参与 sort 的形参相同。主函数 main 中，定义了指针数组 name 并作了初始化赋值。然后分别调用 sort 函数和 print 函数完成排序和输出。值得说明的是：在 sort 函数中，对两个字符串比较采用了 strcmp 函数，strcmp 函数允许参与比较的字符串以指针方式出现。name[k]和 name[j]均为指针，因此是合法的。字符串比较后需要交换时，只交换指针数组元素的值，而不交换具体的字符串，这样将大大减少时间的开销，提高了运行效率。

知识点 4　指针与函数

4.1　函数指针变量

在 C 语言中，一个函数总是占用一段连续的内存区，而函数名就是该函数所占内存区的首地址。可以把函数的这个首地址（或称入口地址）赋予一个指针变量，使该指针变量指向该函数。然后通过指针变量就可以找到并调用这个函数。我们把这种指向函数的指针变量称为"函数指针变量"。

函数指针变量定义的格式为：

类型说明符 (*指针变量名)();

其中"类型说明符"表示被指函数的返回值的类型。"(*指针变量名)"表示"*"后面的变量是定义的指针变量。最后的空括号表示指针变量所指的是一个函数。

例如：

int (*pf)();

表示 pf 是一个指向函数入口的指针变量，该函数的返回值（函数值）是整型。

【案例 6-20】本例用来说明用指针形式实现对函数调用的方法。

```
#include  <stdio.h>
int max(int a,int b)
{
  if(a>b) return a;
  else return b;
}
main()
{
  int max(int a,int b);
  int(*pmax)();
  int x,y,z;
  pmax=max;
  printf("input two numbers:\n");
  scanf("%d%d",&x,&y);
  z=(*pmax)(x,y);
  printf("maxmum=%d",z);
}
```

从上述程序可以看出，使用函数指针变量形式调用函数的步骤如下：

（1）先定义函数指针变量，如程序中 int (*pmax)();定义 pmax 为函数指针变量。

（2）把被调函数的入口地址（函数名）赋予该函数指针变量，如程序中的 pmax=max;。

（3）用函数指针变量形式调用函数，如程序中的 z=(*pmax)(x,y);。

调用函数的一般形式为：

(*指针变量名) (实参表)

使用函数指针变量还应注意以下两点：

- 函数指针变量不能进行算术运算，这是与数组指针变量不同的。数组指针变量加减一个整数可使指针移动指向后面或前面的数组元素，而函数指针的移动是毫无意义的。
- 函数调用中"(*指针变量名)"两边的括号不可少，其中的*不应该理解为求值运算，在此处它只是一种表示符号。

4.2 指针型函数

前面介绍过，所谓函数类型是指函数返回值的类型。在 C 语言中允许一个函数的返回值是一个指针（即地址），这种返回指针值的函数称为指针型函数。

定义指针型函数的格式为：

```
类型说明符 *函数名(形参表)
{
    ...            /*函数体*/
}
```

其中函数名之前加了“*”号表明这是一个指针型函数，即返回值是一个指针。类型说明符表示了返回的指针值所指向的数据类型。

例如：

```
int *ap(int x,int y)
{
  ...        /*函数体*/
}
```

表示 ap 是一个返回指针值的指针型函数，它返回的指针指向一个整型变量。

【案例 6-21】本程序是通过指针函数输入一个 1～7 之间的整数，输出对应的星期名。

```
#include   <stdio.h>
main()
{
  int i;
  char *day_name(int n);
  printf("input Day No:\n");
  scanf("%d",&i);
  if(i<0) exit(1);
  printf("Day No:%2d-->%s\n",i,day_name(i));
}
char *day_name(int n)
{
  static char *name[]={ "Illegal day",
                        "Monday",
                        "Tuesday",
                        "Wednesday",
                        "Thursday",
                        "Friday",
                        "Saturday",
                        "Sunday"};
  return((n<1||n>7) ? name[0] : name[n]);
}
```

程序说明：本例中定义了一个指针型函数 day_name，它的返回值指向一个字符串。该函数中定义了一个静态指针数组 name。name 数组初始化赋值为 8 个字符串，分别表示各个星期名及出错提示。形参 n 表示与星期名所对应的整数。在主函数中，把输入的整数 i 作为实参，在 printf 语句中调用 day_name 函数并把 i 值传送给形参 n。day_name 函数中的 return 语句包含一个条件表达式，n 值若大于 7 或小于 1，则把 name[0]指针返回主函数输出出错提示字符串“Illegal day”；否则返回主函数输出对应的星期名。程序中的第 8 行是一个条件语句，其语义是，如输入为负数（i<0）则中止程序运行退出程序。exit 是一个库函数，exit(1)表示发生错误后退出程序，exit(0)表示正常退出。

应该特别注意的是函数指针变量和指针型函数这两者在写法和意义上的区别。如 int

(*p)()和 int *p()是两个完全不同的量。

int (*p)()是一个变量说明，说明 p 是一个指向函数入口的指针变量，该函数的返回值是整型量，(*p)两边的括号不能少。

int *p()不是变量说明而是函数说明，说明 p 是一个指针型函数，其返回值是一个指向整型量的指针，*p 两边没有括号。作为函数说明，在括号内最好写入形式参数，这样便于与变量说明相区别。

对于指针型函数定义，int *p()只是函数头部分，一般还应该有函数体部分。

知识点 5　指向指针的指针

如果一个指针变量中存放的又是另一个指针变量的地址，则称这个指针变量为指向指针的指针变量。

在前面已经介绍过，通过指针访问变量称为间接访问。由于指针变量直接指向变量，所以称为"单级间址"。而如果通过指向指针的指针变量来访问变量则构成"二级间址"，如图 6.12 所示。

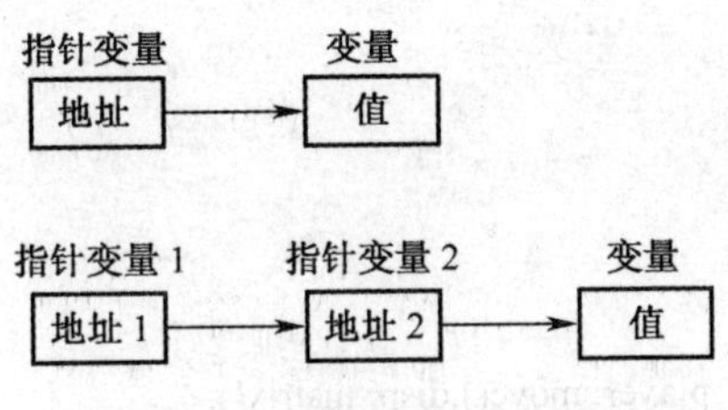

图 6.12　指针的指针示意图

定义指向指针的指针的格式为：

类型说明符 **指针变量名

例如：

char **p;

p 前面有两个*号，相当于*(*p)。显然*p 是指针变量的定义形式，如果没有最前面的*，那就是定义了一个指向字符数据的指针变量。现在它前面又有一个*号，表示指针变量 p 是指向一个字符指针型变量的。*p 就是 p 所指向的另一个指针变量。

【案例 6-22】使用指向指针的指针。

```
#include    <stdio.h>
main()
{
    char *name[]={"Follow me","BASIC","Great Wall","FORTRAN","Computer desighn"};
    char **p;
    int i;
    for(i=0;i<5;i++)
    {
        p=name+i;
        printf("%s\n",*p);
    }
}
```

程序说明：name 是一个指针数组，它的每一个元素是一个字符串数据，其值为地址。name+i 是 mane[i]的地址，也就是指向指针型数据的指针（地址）。还可以设置一个指针变量 p，使它指向指针数组元素，p 就是指向指针型数据的指针变量。

趣味题：井字游戏（Tic-Tac-Toe）

Tic-Tac-Toe 矩阵是由 3×3 的字符数组组成的。游戏者用“X”，计算机用“0”。游戏者走棋时，把 X 放到游戏盘的指定位置，计算机走棋时浏览棋盘空余位置，按照一定规则把“0”放到棋盘的空位置上。谁最先连成横或纵或斜就获胜；否则若找不到空位置，就是平局。

程序说明：用全程数组 matrix 记录棋盘上各方棋子放置的位置，运用字符指针指向该数组以读取各位置的状态。函数 get_player_move()和 get_computer_move()分别表示游戏者和计算机走棋，即给 matrix 数组的特定元素赋值“X”和“0”；disp_matrix()函数显示棋盘状况，check()函数判断是否存在胜负。

程序代码如下：

```
#define SPACE ' '
char matrix[3][3]={
      SPACE,SPACE,SPACE,
      SPACE,SPACE,SPACE,
      SPACE,SPACE,SPACE
  };
void get_computer_move(),get_player_move(),disp_matrix();
main()
{
  char done;
  printf("This is the game of Tic Tac Toe.\n");
  printf("You will be playing against the computer.\n");
  done=SPACE;
  do {
       disp_matrix();                    /*显示游戏界面*/
       get_player_move();                /*获取游戏者移动*/
       done=check();                     /*判定是否有胜者 */
       if(done!=SPACE) break;
       get_computer_move();              /*获取计算机移动*/
       done=check();
    } while(done==SPACE);
  if (done=='X') printf("you won!\n");
  else printf("I won!!!\n");
  disp_matrix();
}
void get_player_move()
{
   int x,y;
```

```
    printf("Enter coordinates for your x:");
    scanf("%d%d",&x,&y);                                    /*设置位置 */
    x--;y--;
    if (matrix[x][y]!=SPACE)
    {
        printf("Invalid move,try again.\n");
        get_player_move();
    }
    else matrix[x][y]='X';
}
void get_computer_move()
{
   register int t;
   char *p;
   p=(char *) matrix;
   for(t=0;*p!=SPACE && t<9;++t) p++;
   if(t==9)
   {
      printf("draw\n");
      exit(0);
   }
   else    *p='0';
}

void disp_matrix()
{
   int t,i;
   for (t=0;t<3;t++)
   {
      printf("%3cl%3cl%3c",matrix[t][0],matrix[t][1],matrix[t][2]);
      if (t!=2 ) printf("\n---l---l---\n");
   }
   printf("\n");
}

check()
{
   int t;
   char *p;
   for(t=0;t<3;t++)
   {
      p=&matrix[t][0];
      if (*p==*(p+1)&&*(p+1)==*(p+2)) return *p;
   }
   for (t=0;t<3;t++)
   {
      p=&matrix[0][t];
      if (*p==*(p+3) && *(p+3)==*(p+6)) return *p;
   }
   if (matrix[0][0]==matrix[1][1] && matrix[1][1]==matrix[2][2])
```

```
        return matrix[0][0];
    if (matrix[0][2]==matrix[1][1] && matrix[1][1]==matrix[2][0])
        return matrix[0][2];
    return SPACE;
}
```

本程序是一个简单的小游戏，游戏可以扩展到 4×4 或更高，本例规定游戏者先行，计算机落子的规则是按行扫描到第一个空白位置。

请读者思考改进代码：

（1）允许选择是游戏者先行还是计算机先行。

（2）计算机落子的规则更智能化，扫描棋盘空白位置后记录已下棋子，在其中找出有利于连成 3 子或 2 子的空白位置，如果没有则根据产生的随机数随机选择。

一、判断题

（ ）1．&b 指的是变量 b 的地址处所存放的值。

（ ）2．int i,*p=&I;是正确的 C 说明。

（ ）3．若 a 为一维数组名，则*(a+i)与 a[i]等价。

（ ）4．指向同一数组的两指针 p1、p2 相减的结果与所指元素的下标相减的结果是相同的。

（ ）5．char *name[5]定义了一个一维指针数组，它有 5 个元素，每个元素都是指向字符数据的指针型数据。

（ ）6．设有程序段 char s[ ]="program";char *p;p=s;，表示数组的第一个元素 s[0]和指针 p 相等。

（ ）7．若定义：int(*p)[4];，则标识符 p 是一个指针，它指向一个含有 4 个整型元素的一维数组。

（ ）8．已有定义 int(*p)();，指针 p 可以指向函数的入口地址。

（ ）9．如果定义函数时的参数是指针变量，那么调用函数时的参数就可以是同类型的指针变量、数组名或简单变量的地址。

（ ）10．用指针作为函数参数时，采用的是“地址传送”方式。

二、选择题

1．若有说明：int i,j=2,*p=&i;，则能完成 i=j 赋值功能的语句是（ ）。

A．i=*p; B．*p=*&j; C．i=&j; D．i=**p;

2．若有如下定义：

```
int a=511,*b=&a;
```

则 printf("%d\n",*b);的输出结果为（ ）。

A．无确定值 B．a 的地址 C．512 D．511

3．设 p1 和 p2 均为指向同一个 int 型一维数组的指针变量，k 为 int 型变量，下列语句不正确的是（　）。

A．k=*p1+*p2;　　　B．k=*p1*(*p2);

C．p2=k;　　　D．p1=p2;

4．若有说明：

int n=2,*p=&n,*q=p;

则以下非法的赋值语句是（　）。

A．p=q;　　B．*p=*q;　　C．n=*q;　　D．p=n;

5．设有定义：int s[]={1,3,5,7,9},*p=&s[0];，则值为 7 的表达式是（　）。

A．*p+3　　B．*p+4　　C．*(p+3)　　D．*(p+4)

6．若有定义：

int a[10];

则下面表达式中不能代表数组元素 a[1]的地址的是（　）。

A．&a[0]+1　　B．&a[1]　　C．&a[0]++　　D．a+1

7．下面能正确进行字符串赋值操作的语句是（　）。

A．char s[5]={"\ABCDE"}　　　B．char s[5]={'A','B','C','D','E'};

C．char *s;s={"ABCDEF"};　　　D．char *s;scanf("%s",s);

8．若有如下语句：

int c[4][5],(*p)[5];

p=c;

则能正确引用 c 数组元素的是（　）。

A．p+1　　B．*(p+3)　　C．*(p+1)+3　　D．*(p[0]+2)

9．有以下函数：

```
char  fun(char *p)
{  return  p;  }
```

则该函数的返回值是（　）。

A．无确切的值　　　B．形参 p 中存放的地址值

C．一个临时存储单元的地址　　　D．形参 p 自身的地址值

10．在如下说明语句：

int *f();

中，标识符 f 代表的是（　）。

A．一个用于指向整型数据的指针变量

B．一个用于指向一维数组的行指针

C．一个用于指向函数的指针变量

D．一个返回值为指针型的函数名

三、程序运行题（写出运行结果）

1．
```
void fun(char *c,int d)
{
    *c=*c+1;d=d+1;
    printf("%c %c\n",*c,d);
```

```
    }
    main()
    {
        char a='B',b='c';
        fun(&b,a);
        printf("%c %c\n",a,b);
    }
```

输出结果是________。

2.
```
    void fun(int *n)
    {
        while( (*n)--);
        printf("%d\n",++(*n));
    }
    main()
    {
        int a=10;
        fun(&a);
    }
```

则输出结果是________。

四、编程题

1．用指针方法编写程序，输入 3 个整数，将它们按由小到大的顺序输出。

2．用指针方法编写程序，求一个字符串的长度。

3．“回文”是顺序读和反读相同的字符串，如“x”、“dad”、“abccba”等，试用指针编程判断一个字符串是否是“回文”。

4．用指针方法编写程序，求 5×5 矩阵对角线上各元素之和。

5．用指针方法编写程序，找出一个有 N 个元素的一维数组中的中位数。中位数是这样一个数：数组中的一半数比它大，另一半数比它小。如 2，4，5，7，3，1，2 的中位数是 3，而 2，4，5，7，3，1，2，6 的中位数是(3+4)/2=3.5。

第 7 章　结构体、联合体与枚举类型

在处理实际问题过程中，经常会遇到由不同数据类型组成的集合体。例如，在新生入学登记时，用来描述每个学生的各项数据一般包括：姓名、专业、性别、年龄、总分等诸如此类的不同类型的数据。为了能够迅速、方便地处理这些不同类型的数据，C 语言提供了一种新的构造数据类型。这种新的构造类型就是本章将详细介绍的结构体、联合体及枚举类型的数据结构。

知识点 1　结构体

1.1　结构体类型定义

前面介绍的数组是具有相同数据类型的数据所组成的数据集合，但在程序设计中，经常遇到一些关系密切而数据类型不同的数据。对于此类数据，也可以把它们组织在一起构成一个新的数据类型，在 C 语言中称之为结构体（structure），或简称结构。例如，在学生登记表中，姓名应为字符型，学号可为整型或字符型，年龄应为整型，性别应为字符型，成绩可为整型或实型。我们把姓名、学号、年龄、性别和成绩等组合起来定义成一个结构体，共同说明一个学生的信息。

“结构体”是一种构造类型，它是由若干“成员”组成的。每一个成员可以是一个基本数据类型或者又是一个构造类型。结构体是一种“构造”而成的数据类型，那么在使用之前必须先定义它，也就是构造它。如同在说明和调用函数之前要先定义函数一样。

定义一个结构体的一般形式为：

```
struct 结构名
{
    类型标识符    成员名列表
};
```

成员名列表由若干个成员组成，每个成员都是该结构的一个组成部分。对每个成员也必须进行类型说明，例如学生成绩登记表的构造类型定义如下：

```
struct stu
{
    int num;
    char name[20];
    int age;
    char sex;
    float score;
};
```

在这个结构定义中，结构名为 stu，该结构由 5 个成员组成。第一个成员为 num，整型变量；第二个成员为 name，字符数组；第三个成员为 age，整型变量；第四个成员为 sex，

字符变量；第五个成员为 score，实型变量。应注意大括号后的分号是不可少的。结构定义之后，即可进行变量说明。凡说明为结构 stu 的变量都由上述 5 个成员组成。由此可见，结构是一种复杂的数据类型，是数目固定、类型不同的若干有序变量的集合。

要注意结构体类型与基本数据类型的区别：

（1）结构体类型定义中的每个成员表示该结构的分量，或称"域"，如 num，它们并不是变量。因此在一个函数中允许定义与结构体类型成员同名的变量，它们表示不同的对象。

（2）基本数据类型是一个具体的数据类型，由系统预先定义好，可以直接使用，如 int num，而不需要在程序中对 int 进行定义；而结构体类型如上述的 stu，必须在程序中先行定义，即告诉系统它由哪些成员构成、每个成员各占多少字节等。

1.2 结构体类型变量的说明、表示方法和赋值

结构体类型定义完成后，与系统定义的标准类型（如 int、char、float 等类型）一样，可以说明一个变量。说明结构变量有以下 3 种方法（以上面定义的 stu 为例来加以说明）：

（1）先定义结构，再说明结构变量。例如：

```
struct stu
{
    int num;
    char name[20];
    int age;
    char sex;
    float score;
};
struct stu s1,s2;
```

说明了两个变量 s1 和 s2 为 stu 结构类型。

（2）在定义结构类型的同时说明结构变量。例如：

```
struct stu
{
    int num;
    char name[20];
    int age;
    char sex;
    float score;
}s1,s2;
```

这种形式说明的一般形式为：

```
struct 结构名
{
   成员表列
}变量名表列;
```

（3）直接说明结构变量。例如：

```
struct
{
```

```
    int num;
    char name[20];
    int age;
    char sex;
    float score;
}s1,s2;
```

这种形式说明的一般形式为：

```
struct
{
   成员表列
}变量名表列;
```

第三种方法与第二种方法的区别在于：第三种方法中省去了结构名，而直接给出结构变量。用此方法定义的结构体是一种无名结构体。成员也可以又是一个结构体，即构成嵌套的结构。例如：

```
struct date
{
   int month;
   int day;
   int year;
};
struct
{
   int num;
   char name[20];
   char sex;
   struct date birthday;
   float score;
}s1,s2;
```

在此首先定义一个结构 date，由 month（月）、day（日）、year（年）3 个成员组成。在定义并说明变量 s1 和 s2 时，其中的成员 birthday 被说明为 date 结构类型。成员名可以与程序中的其他变量同名，互不干扰。

在程序中使用结构变量时，只可以对相同类型的结构体变量进行整体赋值，不可以对一个结构体变量整体赋值。对结构体变量的使用，包括赋值、输入、输出、运算等，都是通过结构变量的成员来实现的。

表示结构变量成员的一般形式为：

结构变量名.成员名

例如：

s1.num　　　　即第一个人的学号

s2.sex　　　　即第二个人的性别

如果成员本身又是一个结构体，则必须逐级找到最低级的成员才能使用。

例如：

s1.birthday.month

即第一个人出生的月份成员，可以在程序中单独使用，与普通变量完全相同。

和其他类型变量一样，对结构变量可以在定义时进行初始化赋值。

【案例 7-1】对结构变量初始化。

```
#include  <stdio.h>
struct stu      /*结构定义*/
{
    int num;
    char *name;
    int  age;
    char sex;
    float score;
  }s2,s1={102,"Zhang ping",18,'M',78.5};
main()
{
     s2=s1;
     printf("Number=%d\nName=%s\nAge=%d\n",s2.num,s2.name,s2.age);
     printf("Sex=%c\nScore=%f\n",s2.sex,s2.score);
}
```

程序说明：本例中，s2、s1 均被定义为外部结构变量，并对 s1 作了初始化赋值。在 main 函数中，把 s1 的值整体赋予 s2，然后用两个 printf 语句输出 s2 各成员的值。

结构变量的赋值就是给各成员赋值，可以用输入语句或赋值语句来完成。

【案例 7-2】给结构变量赋值并输出其值。

```
#include  <stdio.h>
main()
{
     struct stu
     {
        int num;
        char *name;
        int age;
        char sex;
        float score;
     } s1,s2;
     s1.num=102;
     s1.name="Zhang ping";
     s1.age=18;
     printf("input sex and score\n");
     scanf("%c %f",&s1.sex,&s1.score);
     s2=s1;
     printf("Number=%d\nName=%s\nAge=%d\n",s2.num,s2.name,s2.age);
     printf("Sex=%c\nScore=%f\n",s2.sex,s2.score);
}
```

程序说明：本程序中用赋值语句给 num、name 和 age 三个成员赋值，name 是一个字符串指针变量；用 scanf 函数动态地输入 sex 和 score 成员值，然后把 s1 的所有成员的值整体赋予 s2；最后分别输出 s2 的各个成员值。本例表示了结构变量的赋值、输入和输出的方法。

1.3 结构数组

如果数组的元素是结构类型的，称之为结构型数组，简称结构数组。结构数组的每一个元素都是具有相同结构类型的下标结构变量。在实际应用中，经常用结构数组来表示具有相同数据结构的一个群体，如一个班的学生档案等。

定义结构数组的方法和定义结构变量相似，只需说明它为数组类型即可。

例如：

```
struct stu
{
    int num;
    char *name;
    int age;
    char sex;
    float score;
}s[5];
```

定义了一个结构数组 s，共有 5 个元素：s[0]～s[4]。每个数组元素都具有 struct stu 的结构形式。对结构数组可以作初始化赋值。例如：

```
struct stu
{
    int num;
    char *name;
    int age;
    char sex;
    float score;
}s[5]={
        {101,"Li ping",18,'M',45},
        {102,"Zhang ping",19,'M',62.5},
        {103,"He fang",18,'F',92.5},
        {104,"Cheng ling",17,'F',87},
        {105,"Wang ming",18,'M',58}
};
```

当对全部元素作初始化赋值时，也可以不给出数组长度。

【案例 7-3】计算学生的平均成绩和不及格的人数。

```
#include  <stdio.h>
struct stu
{
  int num;
  char *name;
```

```
        int age;
        char sex;
        float score;
    }s[5]={
            {101,"Li ping",18,'M',45},
            {102,"Zhang ping",19,'M',62.5},
            {103,"He fang",18,'F',92.5},
            {104,"Cheng ling",17,'F',87},
            {105,"Wang ming",18,'M',58}
    };
    main()
    {
        int i,c=0;
        float ave,sum=0;
        for(i=0;i<5;i++)
        {
          sum+=s[i].score;
          if(s[i].score<60) c+=1;
        }
        printf("sum=%f\n",sum);
        ave=sum/5;
        printf("average=%f\ncount=%d\n",ave,c);
    }
```

程序说明：本例程序中定义了一个外部结构数组 s，共 5 个元素，并作了初始化赋值。在 main 函数中用 for 语句逐个累加各元素的 score 成员值并存于 sum 中，如 score 的值小于 60（不及格），则计数器 c 加 1，循环完毕后计算平均成绩，并输出全班总分、平均分及不及格人数。

【案例 7-4】建立同学通讯录。

```
#include  "stdio.h"
#define NUM 3
struct mem
{
    char name[20];
    char phone[10];
};
main()
{
    struct mem man[NUM];
    int i;
    for(i=0;i<NUM;i++)
    {
      printf("input name:\n");
      gets(man[i].name);
      printf("input phone:\n");
```

```
        gets(man[i].phone);
    }
    printf("name\t\t\tphone\n\n");
    for(i=0;i<NUM;i++)
        printf("%s\t\t\t%s\n",man[i].name,man[i].phone);
}
```

程序说明：本程序中定义了一个结构体 mem，它有两个成员：name 和 phone，用来表示姓名和电话号码。在主函数中定义 man 为具有 mem 类型的结构数组。在 for 语句中，用 gets 函数分别输入各个元素中两个成员的值。然后又在 for 语句中用 printf 语句输出各元素中的两个成员值。

知识点 2　结构体指针

2.1　指向结构变量的指针

一个指针变量当用来指向一个结构变量时，称之为结构指针变量。结构指针变量中的值是所指向的结构变量的首地址。通过结构指针即可访问该结构变量，这与数组指针和函数指针的情况是相同的。

结构指针变量说明的一般形式为：

struct 结构名 *结构指针变量名;

例如，在前面的例题中定义了 stu 这个结构，如果要说明一个指向 stu 的指针变量 pstu，则可写为：

```
struct stu *pstu;
```

当然也可以在定义 stu 结构的同时说明 pstu。与前面讨论的各类指针变量相同，结构指针变量也必须要先赋值后才能使用。

赋值是把结构变量的首地址赋予该指针变量，不能把结构名赋予该指针变量。例如，如果 s 是被说明为 stu 类型的结构变量，则以下赋值语句是可以的：

```
pstu=&s;
```

结构名和结构变量是两个不同的概念，不能混淆。结构名只能表示一个结构形式，编译系统并不对它分配内存空间。只有当某变量被说明为这种类型的结构时，才对该变量分配存储空间。因此上面的&stu 这种写法是错误的，不可能去取一个结构名的首地址。有了结构指针变量，就能更方便地访问结构变量的各个成员了。

其访问的一般形式为：

(*结构指针变量).成员名

或

结构指针变量->成员名

例如：

```
(*pstu).num
```

或

```
pstu->num
```

应该注意“(*pstu)”两侧的括号不可少，因为成员符“.”的优先级高于“*”。如果去掉括号写作*pstu.num，则等效于*(pstu.num)，这样意义就完全不对了。

下面通过例子来说明结构指针变量的具体说明和使用方法。

【案例 7-5】改写案例 7-2，用结构指针实现。

```
#include  <stdio.h>
main()
{
    struct stu
    {
      int num;
      char *name;
      int age;
      char sex;
      float score;
    } s1,*p;
    p=&s1
    p->num=102;
    p->name="Zhang ping";
    p->age=18;
    printf("input sex and score\n");
    scanf("%c %f",&p->sex,&p->score);
    printf("Number=%d\nName=%s\nAge=%d\n",p->num,p->name,p->age);
    printf("Sex=%c\nScore=%f\n",p->sex,p->score);
}
```

2.2 指向结构数组的指针

指针变量可以指向一个结构数组，这时结构指针变量的值是整个结构数组的首地址。结构指针变量也可以指向结构数组的一个元素，这时结构指针变量的值是该结构数组元素的首地址。

设 ps 为指向结构数组的指针变量，则 ps 也指向该结构数组的 0 号元素，ps+1 指向 1 号元素，ps+i 则指向 i 号元素。这与普通数组的情况是一致的。

【案例 7-6】用指针变量输出结构数组。

```
#include  <stdio.h>
struct stu
{
    int num;
    char *name;
    int age;
    char sex;
    float score;
}s[5]={
        {101,"Li ping",18,'M',45},
        {102,"Zhu ping",19, 'M',62.5},
        {103,"He fang",18, 'F',92.5},
        {104,"Chen ling",17, 'F',87},
```

```
        {105,"Wan ming",18, 'M',58}
    };
main()
{
    struct stu *ps;
    printf("No\tName\tAge\tSex\tScore\t\n");
    for(ps=s;ps<s+5;ps++)
    printf("%d\t%s\t%d\t%c\t%f\t\n",ps->num,ps->name,ps->age,ps->sex,ps->score);
}
```

程序说明：在程序中，定义了 stu 结构类型的外部数组 s 并作了初始化赋值。在 main 函数内定义 ps 为指向 stu 类型的指针。在循环语句 for 的表达式 1 中，ps 被赋予 s 的首地址，然后循环 5 次，输出 s 数组中的各成员值。

应该注意的是，一个结构指针变量虽然可以用来访问结构变量或结构数组元素的成员，但是不能使它指向一个成员。也就是说不允许取一个成员的地址来赋予它。因此，下面的赋值是错误的：

```
ps=&s[1].sex;
```

而只能是：

```
ps=s;    /*赋予数组首地址*/
```

或

```
ps=&s[0];   /*赋予 0 号元素的首地址*/
```

2.3 结构指针变量作函数参数

在 ANSI C 标准中允许用结构变量作函数参数进行整体传送。但是这种传送要将全部成员逐个传送，但这种传送方式会使传送的时间和空间开销很大，严重降低了程序的效率。因此最好的办法就是使用指针，即用指针变量作函数参数进行传送，这时由实参传向形参的只是地址。

【案例 7-7】使用函数并用结构指针变量作函数参数修改案例 7-3。

```
#include   <stdio.h>
struct stu
{
    int num;
    char *name;
    int age;
    char sex;
    float score;
}s[5]={
        {101,"Li ping",18, 'M',45},
        {102,"Zhu ping",19, 'M',62.5},
        {103,"He fang",18, 'F',92.5},
        {104,"Chen ling",17, 'F',87},
        {105,"Wan ming",18, 'M',58}
    };
main()
```

```
{
      struct stu *ps;
      void ave(struct stu *ps);
      ps=s;
      ave(ps);
}
void ave(struct stu *ps)
{
      int c=0,i;
      float ave,s=0;
      for(i=0;i<5;i++,ps++)
        {
          s+=ps->score;
          if(ps->score<60) c+=1;
        }
      printf("s=%f\n",s);
      ave=s/5;
      printf("average=%f\ncount=%d\n",ave,c);
}
```

程序说明：本程序中定义了函数 ave，其形参为结构指针变量 ps。s 被定义为外部结构数组，因此在整个源程序中有效。在 main 函数中定义说明了结构指针变量 ps，并把 s 的首地址赋予它，使 ps 指向 s 数组。然后以 ps 作实参调用函数 ave。在函数 ave 中完成计算平均成绩和统计不及格人数的工作并输出结果。

由于本程序全部采用指针变量进行运算和处理，因此速度更快，程序效率更高。

知识点 3　链表

3.1　动态存储分配

在数组一章中，数组的长度是预先定义好的，在整个程序中固定不变。但是在实际的编程中，往往会发生这种情况，即所需的内存空间取决于实际输入的数据，而无法预先确定，如通讯名单。对于这种问题，用数组的办法很难解决。为了解决上述问题，就需要建立动态数组，动态数组是指在程序设计过程中根据需要动态地为数组分配存储空间，该空间是被称为堆的自由内存区，通过分配时指定的指针变量就可以访问到它。C 语言提供了标准库函数动态地分配或释放内存。常用的内存管理函数有以下两个：

（1）分配内存空间函数 malloc。

调用形式：**(类型说明符*)malloc(size)**

功能：在内存的动态存储区中分配一块长度为 size 字节的连续区域。函数的返回值为该区域的首地址。

“类型说明符”表示把该区域用于何种数据类型；“(类型说明符*)”表示把返回值强制转换为该类型指针；size 是一个无符号数。

例如：

```
pc=(char *)malloc(100);
```

表示分配 100 个字节的内存空间，并强制转换为字符数组类型，函数的返回值为指向该字符数组的指针，把该指针赋予指针变量 pc。

（2）释放内存空间函数 free。

调用形式：**free(void *ptr);**

功能：释放 ptr 所指向的一块内存空间，ptr 是一个任意类型的指针变量，它指向被释放区域的首地址。被释放区域应是由 malloc 或 calloc 函数所分配的区域。

【案例 7-8】利用动态内存分配数组来实现字符串的输入和输出。

```
#include  <stdio.h>
#include  <stdlib.h>
#include  <conio.h>
main()
{
  char *s;
  int i;
  clrscr();                    /*清屏*/
  s=(char *)malloc(80);
  if(!s)                       /*验证指针地址*/
  {
    printf("memory fialed\n");
    exit(1);
  }
  gets(s);
  printf("%s\n",s);
  for(i=strlen(s)-1;i>=0;i--)
  printf("%c",s[i]);
  free(s);
  getch();                     /*暂停*/
}
```

程序说明：本例中，头文件 stdlib.h 包含了 malloc()和 free()两个函数的原型说明。定义了字符型指针变量 s，运用 malloc()函数分配了 80 个字节的内存空间并把首地址赋予 s，使 s 指向该区域，再通过 s 输入和输出字符串，最后用 free 函数释放 ps 指向的内存空间。整个程序包含了申请内存空间、使用内存空间、释放内存空间 3 个步骤，实现存储空间的动态分配。

3.2 链表

在案例 7-4 中采用结构数组实现了通信录的存储和建立，但是由于通信录的长度是动态变化的，而例题中定义了 3 个长度，只能存储 3 个人的信息。但如果预先不能准确把握通讯录的长度，则无法确定结构数组的大小。

用动态存储分配的方法可以很好地解决这个问题。可以把每一个同学的通讯信息定义成一个结构，称之为结点，为该结点分配内存空间；删除一个同学的通讯信息时，只需释放该结点占用的存储空间即可。结点之间的联系可以用指针实现，即在结点结构中定义一个成员项用来存放下一结点的首地址，常把这个用于存放地址的成员称为指针域，如图 7.1 所示。我们称这种数据结构为链表。

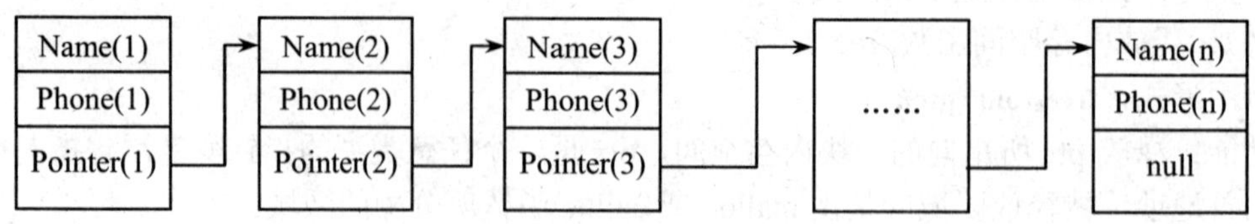

图 7.1　链表结构示意图

链表中每个结点都分为两个域：一个是数据域，存放各种实际的数据，如姓名 Name、电话 Phone 等；另一个是指针域，存放下一结点的首地址。链表中的每一个结点都是同一种结构类型。

例如定义一个存放学生学号和成绩的结点如下：

```
struct stu
{
    int num;
    int score;
    struct stu *next;
}
```

前两个成员项组成数据域，后一个成员项 next 构成指针域，它是一个指向 stu 类型结构的指针变量。

对链表的基本操作主要有以下几种：

（1）建立链表。

（2）结点的查找与输出。

（3）插入一个结点。

（4）删除一个结点。

下面通过例题来说明这些操作。

【案例 7-9】建立链表并输出，存放学生数据。为简单起见，我们假定学生数据结构中只有学号和年龄两项。学生的人数由录入时通过键盘输入确定。链表的建立通过一个函数 creat 来实现。程序如下：

```
#define NULL 0
#define TYPE struct stu
#define LEN sizeof (struct stu)
#include   <stdlib.h>
#include   <stdio.h>
struct stu
{
   int num;
   int age;
   struct stu *next;
};
TYPE *creat(int n)
```

```
{
      struct stu *head,*pf,*pb;
      int i;
      for(i=0;i<n;i++)
      {
         pb=(TYPE*) malloc(LEN);
         printf("input Number and    Age\n");
         scanf("%d%d",&pb->num,&pb->age);
         if(i==0)
            pf=head=pb;
         else pf->next=pb;
         pb->next=NULL;
         pf=pb;
      }
      return(head);
}
main()
{
     int num,i;
     struct stu *stu,*p1;
     printf("input Number of the students\n");
     scanf("%d",&num);
     stu=creat(num);
     for(p1=stu;p1!=NULL;p1=p1->next)
        printf("%-6d%-6d\n",p1->num,p1->age);
}
```

程序说明：在函数外首先用宏定义对 3 个符号常量作了定义。这里用 TYPE 表示 struct stu，用 LEN 表示 sizeof(struct stu)。主要目的是为了在以下程序内减少书写并使阅读更加方便。结构 stu 定义为外部类型，程序中的各个函数均可使用该定义。

creat 函数用于建立一个有 n 个结点的链表，它是一个指针函数，它返回的指针指向 stu 结构。在 creat 函数内定义了 3 个 stu 结构的指针变量：head 为头指针，pf 为指向两相邻结点的前一结点的指针变量，pb 为后一结点的指针变量。

知识点 4　联合体

4.1　联合体类型的概念、定义和变量说明

程序设计中有时需要一种变量能存储不同类型的数据，或者说不同类型的数据共享一段内存空间。这种用来存储不同类型的数据的变量就是联合体类型变量。而所谓联合体类型是指将不同的数据项组织成一个整体，它们在内存中占用同一段存储单元，也有的书上把这种类型称为共用体类型或共同体类型。要注意的是，在同一时刻，联合体类型变量只能存储其某一个成员的信息。

联合体类型的定义与结构体类型的定义非常相似，只要把关键字 struct 替换成 union 即可。

联合体类型定义的一般形式为：

```
union 联合体名
{
     数据类型   成员名1;
     数据类型   成员名2;
      …
     数据类型   成员名n;
};
```

例如：

```
union example
{
    int a;
    long b;
    char ch;
};
```

上面定义了一个联合体类型 union example，它由 3 个成员项组成：整型成员项 a、长整型成员项 b 和字符型成员项 ch。

定义联合体类型的变量方式与结构体变量定义的方式相同，如：先定义类型，再定义变量；定义类型的同时定义变量；直接定义联合体变量等。例如：

```
union example   u1;
```

u1 是联合体类型 union example 的变量，该变量的 3 个成员分别需要 2 个字节（TC 环境）、4 个字节和 1 个字节。系统为联合体变量 u1 分配空间时并不是按所有成员所需空间的和分配（结构体），而是按其成员中字节数最大的数目分配，即为联合体变量 u1 分配 4 个字节的存储空间。当然，虽然联合体和结构体在定义上非常相似，但它们也有一些不同，具体比较如下：

（1）它们定义形式相似，都有若干成员；不同的是定义的关键字不同。

（2）结构体成员各自有其存储空间，结构体变量所占内存长度是其各成员所占内存之和；而联合体各成员共用同一段内存，其所占内存长度是其成员中占用内存最大的成员的长度。

（3）结构体变量在同一时刻可以存储全部成员的值；联合体变量在同一时刻只能存储某一个成员的值，如果调用其他成员，则是从共用内存的首地址开始读取被调用成员长度的内存空间，见案例 7-10。

4.2 联合体变量的使用

引用联合体变量中的成员项与引用结构体变量中的成员项的方法相同，其引用方式为：

联合体变量名.成员项名

例如 u1.a、u1.b、u1.ch 就是引用联合体变量 u1 的 3 个成员项的方法。

由于联合体变量中的各个成员在内存中共占同一段空间，所以一个联合体变量在某一时刻只能存放其中一个成员项的值。例如：

```
u1.a=15;
u1.b=150;
u1.ch='A';
```

最后引用变量 u1 的值时，只能引用其成员项 ch 的值，即最后一个被赋值的成员项。其他成员项的值被覆盖，无法得到其原始值。

【案例 7-10】输出一个长整数的低 8 位和低 16 位的值。

```
union LIC
{
    long   a;
    short   b;
    char   c;
};
#include   <stdio.h>
main()
{
    union LIC u;
    u.a=0x12345678;
    printf("Long_value:%lx\n",u.a);
    printf("Low_16_value:%x\n",u.b);
    printf("Low_8_value:%x\n",u.c);
}
```

运行结果为：

```
Long_value:12345678
Low_16_value:5678
Low_8_value:78
```

程序说明：u.a 的值是长整数 0x12345678，它的二进制形式为 00010010 00110100 01010110 01111000，在内存中的存储形式如图 7.2 所示。

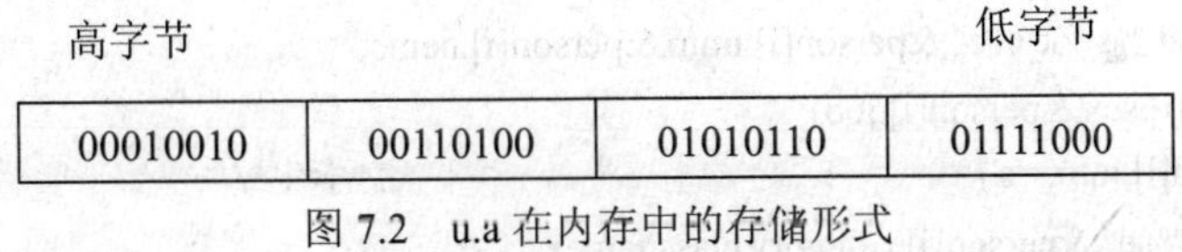

图 7.2　u.a 在内存中的存储形式

长整数的 4 个字节在内存中的安排是高位占高字节，低位占低字节。而联合体变量的各成员项的存储空间都是从低字节开始占用。所以 u.b 是 int 型，使用两个低字节，即 01010110 01111000，转换为十六进制形式就是 5678；u.c 是 char 型，使用一个低字节，即 01111000，转换为十六进制形式就是 78。

同结构体一样，同一类型的联合体变量之间可以相互整体赋值。也可以通过定义指向联合体变量的指针来引用联合体变量的值，使用方式与结构体指针变量相同，例如案例 7-10 中可以定义一个联合体类型指针变量 p：

```
…
union LIC u,*p;
u.a=0x12345678;
p=&a;
printf("Long_value:%lx\n",p->a);
printf("Low_16_value:%x\n",p->b);
printf("Low_8_value:%x\n",p->c);
…
```

【案例 7-11】 设共有 5 名学生和教师的数据，学生的数据包括姓名、编号、性别、职业、班级；教师的数据包括姓名、编号、性别、职业和职务。要求编写程序输入人员数据并输出。

分析：对于学生和教师的数据存储可以使用结构体，但由于学生和教师的数据项很相似，只是学生的班级项和教师的职务项不同，因此也可以把这两项用联合体类型来描述。

```
struct
{
    int num;
    char name[10];
    char sex;
    char job;
    union
    {
        int classname;
        char position[10];
    } category;
}person[5];
#include  <stdio.h>
main()
{
    int i;
    for (i=0;i<5;i++)
    {
        scanf("%d %s %c %c",&person[i].num,&person[i].name,
        &person[i].sex,&person[i].job);
        if (person[i].job=='s')                         /*学生*/
            scanf("%d",&person[i].category.classname);
        else                                            /*教师*/
            scanf("%s",&person[i].category.position);
    }
    printf("\n");
    printf("NO. NAME    SEX    JOB    CLASS/POSITION\n");
    for (i=0;i<5;i++)
      if (person[i].job=='s')
          printf("%-6d%-10s%-3c%-3c%-6d\n",person[i].num,person[i].name,
          person[i].sex,person[i].job,person[i].category.classname);
    else
          printf("%-6d%-10s%-3c%-3c%-6s\n",person[i].num,person[i].name,
          person[i].sex,person[i].job,person[i].category.position);
}
```

程序说明：程序中定义的结构体类型中使用联合体类型成员 category，根据每个人员的 job 不同选择 category 中不同的成员进行赋值和输出操作。

知识点 5　枚举类型

5.1　枚举类型的概念、定义和枚举变量的说明

在实际问题中，有些变量的取值被限定在一个有限的范围内。例如，一个星期内只有7天，一年只有12个月，一个班每周有6门课程等。如果把这些量说明为整型、字符型或其他类型显然是不妥当的。为此，C语言提供了一种称为“枚举”的类型。所谓“枚举”，是指将变量的所有取值一一列举出来，该变量称为枚举类型的变量，其所取的值称为枚举元素或枚举常量，枚举类型的变量的值只能取枚举类型定义中所列举的枚举元素。应该说明的是，枚举类型是一种基本数据类型，而不是一种构造类型，因为它不能再分解为任何基本类型。

枚举类型定义的一般形式为：

enum 枚举名{ 枚举值表 };

例如：

```
enum weekday{ sun,mou,tue,wed,thu,fri,sat };
```

该枚举名为weekday，枚举值共有7个，即一周中的7天。凡被说明为weekday类型变量的取值只能是7天中的某一天。

枚举变量的说明如同结构体变量和联合体变量一样，也可以用不同的方式说明，即先定义后说明、同时定义说明或直接说明。

设有变量a、b、c被说明为上述的weekday类型，可以采用以下任意一种方式：

```
enum weekday a,b,c;
```

或

```
enum weekday{ sun,mou,tue,wed,thu,fri,sat }a,b,c;
```

或

```
enum { sun,mou,tue,wed,thu,fri,sat }a,b,c;
```

5.2　枚举类型变量的使用

枚举类型在使用中有以下规定：

（1）枚举值是常量，不是变量。不能在程序中用赋值语句再对它赋值。

例如对枚举weekday的元素再作以下赋值：

```
sun=5;
mon=2;
sun=mon;
```

都是错误的。

（2）枚举元素本身由系统定义了一个表示序号的数值，从0开始顺序定义为0，1，2，…。如在weekday中，sun值为0，mon值为1，…，sat值为6。当然序号值也可自行设定。

【案例7-12】枚举类型使用示例。

```
#include  <stdio.h>
main()
```

```
{
    enum weekday
    { sun,mon,tue,wed,thu,fri,sat } a,b,c;
    a=sun;
    b=mon;
    c=tue;
    printf("%d,%d,%d\n",a,b,c);
}
```

只能把枚举值赋予枚举变量，不能把元素的序号数值直接赋予枚举变量。如：

```
a=sum;
b=mon;
```

是正确的，而：

```
a=0;
b=1;
```

是错误的。如果一定要把数值赋予枚举变量，则必须用强制类型转换。例如：

```
a=(enum weekday)2;
```

其意义是将序号为 2 的枚举元素赋予枚举变量 a，相当于：

```
a=tue;
```

还应该说明的是，枚举元素不是字符常量也不是字符串常量，使用时不要加单引号或双引号。

【案例 7-13】口袋中有红、黄、蓝、白和黑 5 种颜色的球若干个，每次从口袋中取出 3 个球，打印出 3 种不同球的可能取法。

```
#include   <stdio.h>
main()
{
  enum color {red,yellow,blue,white,black};
  enum color i,j,k,pri;
  int n,loop;
  n=0;
  for (i=red;i<=black;i++)
      for(j=red;j<=black;j++)
          if (i!=j)
          {
              for(k=red;k<=black;k++)
              if((k!=i)&&(k!=j))
              {
                  n=n+1;
                  printf("%-4d",n);
                  for(loop=1;loop<=3;loop++)
                  {
                      switch(loop)
                      {
                          case 1: pri=i; break;
                          case 2: pri=j; break;
                          case 3: pri=k; break;
```

```
            }
            switch(pri)
            {
               case red: printf("%-10s","red");break;
               case yellow: printf("%-10s","yellow");break;
               case blue: printf("%-10s","blue");break;
               case white: printf("%-10s","white");break;
               case black: printf("%-10s","black");break;
               default:break;
            }
         }
      printf("\n");
      }
   }
   printf("\n total:%d\n",n);
}
```

程序说明：程序使用了穷举算法，即把所有的取球的可能性列出来，共有 5×5×5=125，然后选择符合条件的（3 次取球颜色不一样 i≠j≠k）显示出来，并统计在变量 n 中。

趣味题

计算一元多项式的积、和、差。

要求：

（1）能够按照指数和升序排列建立并输出多项式。

（2）能够完成两个多项式的加法、减法、乘法，并将结果存储在一个新的多项式中。

分析：由于是一元多项式，因此只要确定每一项的系数和指数就能建立一个一元多项式，由于预先不知道多项式有多少项，调用 poly_create()函数建立动态链表。poly_add()函数对两个多项式中相同指数的系数相加。con_mul()完成一个多项式与常数的乘积，poly_ded()减式多项式乘以-1 再加上被减多项式。poly_mul()是多项式相乘，实质上是多个多项式的相加。假定多项式的变量为 x。

程序代码如下：

```
#include   <stdio.h>
#include   <stdlib.h>
typedef struct polynom
{
   int coef,ex;
   struct polynom *next;
}POLY;
POLY * poly_create();
void poly_print(POLY *);
POLY *poly_add(POLY *, POLY *);
POLY *con_mul(int , POLY *);
POLY *poly_ded(POLY *, POLY *);
```

```
POLY *poly_mul(POLY *, POLY *);
main()
{
    POLY *heada=NULL, *headb=NULL;
    POLY *headsum=NULL, *headded=NULL, *headmul=NULL;
    printf("Create the first multinomial:\n");
    heada=poly_create();
    printf("Create the second multinomial:\n");
    headb=poly_create();
    headsum=poly_add(heada,headb);
    printf("The sum of multinomial is:\n");
    poly_print(headsum);
    headded=poly_ded(heada,headb);
    printf("The deduction of multinomial is:\n");
    poly_print(headded);
    headmul=poly_mul(heada,headb);
    printf("The multification of multinomial is:\n");
    poly_print(headmul);
}
POLY *poly_create()
{
    int c=0, e=0;
    POLY *head=NULL,*s=NULL,*r=NULL;
    head=(POLY *)malloc(sizeof(POLY));
    r=head;
    printf("Please input the coef and exponent:\n");
    scanf("%d%d",&c,&e);
    while(c!=0)
    {
        s=(POLY *)malloc(sizeof(POLY));
        s->coef=c;
        s->ex=e;
        r->next=s;
        r=s;
        scanf("%d%d",&c,&e);
    }
  r->next=NULL;
  return head;
}

POLY *poly_add(POLY *p1, POLY *p2)
{
  POLY *h=NULL,*s=NULL,*r=NULL;
  h=(POLY *)malloc(sizeof(POLY));
  r=h;
  p1=p1->next;
```

```
p2=p2->next;
while(p1!=NULL && p2!=NULL)
{
    s=(POLY *)malloc(sizeof(POLY));
    if (p1->ex>p2->ex)
    {
        s->coef=p1->coef;
        s->ex=p1->ex;
        p1=p1->next;
    }
    else if (p1->ex<p2->ex)
        {
            s->coef=p2->coef;
            s->ex=p2->ex;
            p2=p2->next;
        }
        else
        {
            s->coef=p1->coef+p2->coef;
            s->ex=p1->ex;
            p1=p1->next;
            p2=p2->next;
        }
    r->next=s;
    r=s;
}
if (p1!=NULL)
    r->next=p1;
else if (p2!=NULL)
        r->next=p2;
    else
        r->next=NULL;
        return h;
}

POLY   *con_mul(int n , POLY * hn)
{
    POLY *p,*r1,*r2,*t;
    p=(POLY *)malloc(sizeof(POLY));
    t=hn;
    t=t->next;
    r1=p;
    while(t!=NULL)
    {
        r2=(POLY *)malloc(sizeof(POLY));
        r2->coef=n*(t->coef);
```

```
            r2->ex=t->ex;
            r2->next=NULL;
            r1->next=r2;
            r1=r1->next;
            t=t->next;
        }

        return p;
    }

    POLY *poly_ded(POLY *p1, POLY *p2)
    {
        POLY *h=NULL, *t=NULL;
        t=con_mul(-1,p2);
        h=poly_add(p1,t);
        return   h;
    }

    POLY *poly_mul(POLY *p1, POLY *p2)
    {
        POLY *r=NULL,*t=NULL,*sumt=NULL,*tem=NULL;
        r=p1->next;
        t=con_mul(r->coef,p2);
        tem=t->next;
        while(tem!=NULL)
        {
            tem->ex=r->ex+tem->ex;
            tem=tem->next;
        }
        sumt=t;
        r=r->next;
        while (r!=NULL)
        {
          t=con_mul(r->coef,p2);
          tem=t->next;
          while(tem!=NULL)
          {
              tem->ex=r->ex+tem->ex;
              tem=tem->next;
          }
          sumt=poly_add(sumt,t);
          r=r->next;
        }
      return sumt;
    }
    void poly_print(POLY *head)
```

```
{
    POLY *t;
    t=head->next;
    if (t==NULL) printf("The multinomial is NULL.\n");
    else
    {
        do
        {
            if(t->coef>=0)
              printf("+%dX^%d",t->coef,t->ex);
            else
              printf("%dX^%d",t->coef,t->ex);
            t=t->next;
        } while(t!=NULL);
        printf("\n");
    }
}
```

程序思考：

（1）本程序计算了两个一元多项式的积、和、差。求和时将两个多项式中指数相同的系数相加存入新的链表中，但是如果两系数之和为 0 时也在新链表中开辟新的结点，将浪费空间。请编写一个函数 blknode_delete()将多项式中系数为 0 的结点删除。

（2）求和函数 poly_add()默任多项式的存储是按指数降序排列，因此在输入多项式系数和指数时必须要按指数由高到低输入。试编写函数 poly_sort()能对任意输入的多项式按指数实现降序排列。

（3）修改代码，计算二元多项式的积、和、差。

一、判断题

（ ）1．使用结构体 struct 的目的是，将一组数据作为一个整体，以便于其中的成员共享同一空间。

（ ）2．在 C 语言中，如果它们的元素相同，即使不同类型的结构也可以相互赋值。

（ ）3．在 C 语言中，可以把一个结构体变量作为一个整体赋值给另一个具有相同类型的结构体变量。

（ ）4．在一个函数中，允许定义与结构体类型的成员同名的变量，它们代表不同的对象。

（ ）5．
```
struct {
    int num;
    float score;
}student;
struct student std1;
```

是对结构体类型的变量 student 的定义。

（　）6．一个联合体变量中不能同时存放其所有成员。

（　）7．联合体类型定义中不能出现结构体类型的成员。

（　）8．使用联合体 union 的目的是，将一组具有相同数据类型的数据作为一个整体，以便于其中的成员共享同一存储空间。

（　）9．在 C 语言中，枚举元素表中的元素有先后次序，可以进行比较。

（　）10．枚举元素的值可以是整数或字符串。

（　）11．可以在定义枚举类型时对枚举元素进行初始化。

二、选择题

1．设有以下说明语句：

```
typedef struct
{
    int   n;
    char   ch[8];
} PER;
```

则下列叙述中正确的是（　）。

A．PER 是结构体变量名

B．PER 是结构体类型名

C．typedef　struct 是结构体类型

D．struct 是结构体类型名

2．设有如下定义：

```
struct sk
{int a;float b;}data,*p;
```

若有 p=&data;，则对 data 中的 a 域的正确引用是（　）。

A．(*p).data.a　　B．(*p).a

C．p->data.a　　D．p.data.a

3．以下对结构体类型变量的定义中，不正确的是（　）。

A．
```
typedef struct aa
  {
    int n;
    float m;
  }AA;
AA td1;
```

B．
```
#define AA   struct aa
AA
{
  int n;
  float m;
}td1;
```

C．
```
struct
  {
    int n;
    float m;
  }aa;
  struct aa td1;
```

D．
```
struct
{
  int n;
  float m;
}td1;
```

4．设有以下说明：

```
struct stud
{
    char num[6];
    int s[4];
    double ave;
}a,*p;
```

则变量 a 在内存中所占的字节数是（　）（设为 TC 环境）。

A．18　　B．22　　C．11　　D．5

5．已知赋值语句 Wang.year=2005;，判断 Wang 是（　）类型的变量。

A．字符或文件　　B．整型和枚举

C．联合体或结构体　　D．实型或指针

6．若指针 p 已正确定义，要使 p 指向两个连续的整型动态存储单元，下列不正确的语句是（　）。

A．p=2*(int*)malloc(sizeof(int));

B．p=(int*)malloc(2*sizeof(int));

C．p=(int*)malloc(2*2);

D．p=(int*)calloc(2,sizeof(int));

7．设有以下说明语句：

```
struct   ex
{
 int x;float y;char z;
}example;
```

则下面的叙述中不正确的是（　）。

A．struct 是结构体类型的关键字

B．example 是结构体类型名

C．x、y、z 都是结构体成员名

D．struct ex 是结构体类型

8．若定义 union ex{int i;float f;char a[10];}x;，则 sizeof(x)的值是（　）。

A．4　　B．6　　C．10　　D．16

9．以下对 C 语言中联合体类型数据的描述正确的是（　）。

A．可以对联合体变量名直接赋值

B．一个联合体变量中可以同时存放其所有成员

C．一个联合体变量中不能同时存放其所有成员

D．联合体类型定义中不能出现结构体类型的成员

10．设有定义：

```
enum team{my,your=3,his,her=his+5};
```

则枚举元素 my、your、her 的值分别是（　）。

A．0 3 2　　B．1 3 4　　C．0 3 9　　D．0 3 5

三、程序运行题（写出运行结果）

1.
```
#include <stdio.h>
union pw
{
    int i;
    char ch[2];
}a;
main()
{
    a.ch[0]=13;
    a.ch[1]=0;
    printf("%d",a.i);
}
```
执行上述程序后的输出结果是________。

2.
```
struct  st
{
    int x;
    int *y;
}*p;
int d[4]={10,20,30,40};
struct  st a[4]={20,&d[0],30,&d[1],40,&d[2],50,&d[3]};
main()
{
    p=a;
    printf("%d\n",++(p->x));
}
```
执行上述程序后的输出结果是________。

3.
```
struct HAR
{
    int x, y;
    struct  HAR *p;
}h[2];
main()
{
    h[0].x=1;h[0].y=2;
    h[1].x=3;h[1].y=4;
    h[0].p=&h[1];h[1].p=h;
    printf("%d %d \n",(h[0].p)->y,(h[1].p)->x);
}
```
执行上述程序后的输出结果是________。

4.
```
union myun
{
    struct
    {int  x, y, z; } u;
```

```
        int   k;
    }a;
    main()
    {
        a.u.x=4;a.u.y=5;a.u.z=6;
        a.k=0;
        printf("%d\n",a.u.z);
    }
```

执行上述程序后的输出结果是________。

四、编程题

1．定义一个结构体变量（包括年、月、日），计算输入的某一天是该年的第几天（考虑闰年）。

2．定义一个结构体变量，用其表示点的坐标(x,y)。判断能否构成三角形，如果可以，编写函数求三角形的面积（海伦公式）。

注意：

（1）两点构成的边 $a=\sqrt{(x1-x2)^2+(y1-y2)^2}$ 。

（2）判断三角形的条件是：任意两边之和大于第三边。

（3）海伦公式：$s=\sqrt{p(p-a)(p-b)(p-c)}$ ，p=(a+b+c)/2。

3．有 10 个学生，每个学生的数据包括学号、姓名、三门课的成绩以及总分。要求从键盘输入 10 个学生的数据（不含总分）后，计算各学生的总成绩，并按照总分由高到低的序列显示 10 个学生的数据信息（用链表完成操作）。

第 8 章　文件

在此之前使用的数据均是放在变量或数组中的，它们都是内存中的特定单元，一旦程序运行结束或者关机，它们也就从内存中消失了，尽管我们有时还需要继续使用这些数据，但系统也不会将这些数据自动保存。那么，该如何保存那些需要长期使用的数据呢？

本章所介绍的文件，能够很好地解决这一问题。操作系统以文件为单位来对数据进行管理，在 C 语言中，对文件的处理都是通过库函数来完成的。

本章将主要介绍文件的概念、分类以及文件的基本操作。

知识点 1　文件的基本概念及其分类

1.1　文件的基本概念

通常，文件（File）是指保存在某种外部存储介质上的一组意义相关的数据集合。每个文件都必须有一个文件名来进行标识。操作系统就是根据文件的名称来对文件进行存取操作的。用户也可以建立自己的文件，用不同的名字和后缀（扩展名）来表示文件的意义和类型。由文件的定义还可以看出，文件操作一般会涉及外部存储介质的存储操作，通常的访问对象是磁盘。

上面所讲的文件实际上是指磁盘文件，但在操作系统中，许多外部设备也可以被看做是文件，这样的文件称为设备文件。每个设备都有唯一的一个设备文件名。在 C 语言系统中，也采用类似的方法。C 系统定义了 5 个标准设备文件，如表 8.1 所示。

表 8.1　C 系统的标准设备文件

设备	标准设备文件的文件指针
键盘（标准输入）	stdin
显示器（标准输出）	stdout
显示器（标准错误）	stderr
串行口（标准辅助）	stdaux
打印机（标准打印）	stdprn

1.2　文件的简单分类

C 语言引入流的概念，它将数据的输入输出看做是数据的流入流出，把磁盘文件或设备文件看做是数据流的源或目的。文件看做是一个字符（字节）的序列，即由一个一个字符（字节）的数据顺序组成。根据数据的组织形式不同，可以把文件分为文本文件和二进制文件两类。

1．文本文件

文本文件是指由字符组成的文件，每个字符用其相应的 ASCII 码存储，占用一个字节的存储空间。用文本文件的形式存储数据，一个字节代表一个字符，便于对字符进行逐个处理，也便于输出字符。但一般占存储空间较多，而且要花费转换时间。

2．二进制文件

二进制文件是把内存中的数据按其在内存中的存储形式原样输出到磁盘上存放。用二进制形式存储数据，可以节省外存空间和转换时间，但一个字节并不对应一个字符，不能直接以字符形式输出，需要转换后才可以字符形式输出。

例如，整数 32767 在文本文件和二进制文件中的不同存储形式为：

文本文件　　00110011　00110010　00110111　00110110　00110111　共占 5 个字节

二进制文件　　01111111　11111111　　共占用 2 个字节

知识点 2　文件的使用过程

在 C 语言中，使用文件一般可按图 8.1 所示的过程来进行。

定义文件指针
打开文件
文件操作
关闭文件

图 8.1　C 语言中使用文件的过程

2.1　定义文件指针

C 语言对文件的操作是通过文件指针进行的。文件指针是一个名为 FILE（注意必须是大写）的结构体类型，该结构体类型由系统定义，存放在<stdio.h>头文件中。在使用文件前，首先要包含头文件 stdio.h，其次要定义 FILE 型的文件指针变量。

文件类型指针变量的定义格式为：

```
FILE  *fp ;
```

定义之后，可以通过该文件类型指针变量 fp 找到被操作的文件，并对该文件进行读写等操作。fp 是指针变量的名称，可以任意定义。

2.2　文件的打开（fopen 函数）

fopen 函数用来打开文件，正常操作时，它将为用户指定的文件在内存中分配一个 FILE 结构区，并将该结构区的指针作为函数值返回，以后用户可以通过该指针来对文件进行存取操作。

fopen 函数的使用格式为：

```
FILE  *fp ;
fp=fopen(文件名, 打开方式) ;
```

当使用打开函数时，必须给出文件名和文件打开方式。打开方式是指对该文件进行什么操作，其取值如表 8.2 所示。

fopen 函数的使用说明：

（1）用“r”方式打开的文件只能用于从中读取数据，而不能用作向该文件输出数据，且该文件应该已经存在。成功打开文件时，该文件内部的位置指针指向文件头位置。

表 8.2 文件的打开方式

打开方式	含义	说明
r	只读	为输入打开一个已存在的文本文件
w	只写	为输出打开一个文本文件
a	只追加	为追加打开一个已存在的文本文件
rb	只读	为输入打开一个已存在的二进制文件
wb	只写	为输出打开一个二进制文件
ab	只追加	为追加打开一个二进制文件
r+	读写	为既读又写打开一个已存在的文本文件
w+	读写	为既读又写新建一个文本文件
a+	读写	为既读又写打开一个已存在的文本文件，文件指针移至文件末尾
rb+	读写	为既读又写打开一个已存在的二进制文件
wb+	读写	为既读又写新建一个二进制文件
ab+	读写	为读/写打开一个二进制文件进行追加

（2）用“w”方式打开的文件只能用于向该文件写入数据，而不能从中读取数据。如果原来不存在该文件，则新建一个以指定名字命名的文件。如果原来已经存在一个以该文件名命名的文件，则在打开时将该文件删除，然后重新建立一个新文件。

（3）如果需要向文件尾部添加新的数据（不删除原有数据），则应该用“a”方式打开。但此时该文件必须已经存在，否则将得到出错信息。用该方式打开文件时，其内部的位置指针指向文件尾。

（4）用“r+”、“w+”、“a+”方式打开的文件可以用来输入和输出数据。

用“r+”方式时，该文件应该已经存在，以便能向计算机输入数据。

用“w+”方式时，则新建一个文件，先向此文件写入数据，然后可以读此文件中的数据。

用“a+”方式打开的文件，原来的文件不被删除，位置指针移到文件末尾，可以添加也可以读取。

（5）如果不能实现“打开”的任务，fopen 函数将返回一个 NULL 空指针。经常利用这一点来判断文件的打开操作是否正常，若不正常，则应给出相应的出错信息。

（6）在应用文本文件向计算机输入时，将回车换行符转换为一个换行符，在输出时把换行符转换成为回车和换行两个字符。在用二进制文件时，不进行这种转换，在内存中的数据形式与输出到外部文件中的数据形式完全一致，一一对应。

（7）在程序开始运行时，系统自动打开 3 个标准文件：标准输入、标准输出、标准出错输出。通常这 3 个文件都与终端相联系。

注意 有些 C 编译系统可能不完全提供上述这些功能。

2.3 文件的操作

文件的操作视问题的需要而定，主要涉及对文件的读、写操作。C 语言系统提供了一些专门的函数来完成这些操作，这些函数将在以后讨论。

2.4 文件的关闭（fclose 函数）

文件操作完以后，为了确保数据保存的完整性，一定要关闭文件。文件关闭后，该文件对应的 FILE 结构区便被释放，从而使被关闭的文件得到保护。此后，文件指针变量与文件脱离指向关系，以后不能再通过该指针对其相连的文件进行读写操作。

关闭文件的使用格式为：

fclose(文件指针)；

其中文件指针指向要关闭的文件。当文件正常关闭时函数返回 0，否则返回一个非 0 值。

【案例 8-1】在 C 盘根目录下新建一个名为 test.txt 的文件。

```
#include "stdio.h"
void main()
{
    FILE *fp;
    if((fp=fopen("c:\\test.txt","w"))==NULL)
      {
        printf("Cannot open    this file.\n");
        exit(0);
      }
    ...   /*文件操作部分*/
    fclose(fp);
}
```

知识点 3 常用的文件操作函数

3.1 字符的输入输出

1．字符输出函数（fputc 函数）

fputc 函数的使用格式如下：

fputc(ch , fp)；

fputc 函数将 ch 的值输出到 fp 所指的文件中，并返回该字符；如果输出失败，则返回 EOF。

【案例 8-2】在 C 盘根目录下新建一个名为 test.txt 的文件，用来保存由键盘随机输入的一些字符，直到按 Enter 键为止。

```
#include "stdio.h"
void main()
{
    FILE *fp;
    char    ch;
    if((fp=fopen("c:\\test.txt","w"))==NULL)
      {
        printf("Cannot open    this file.\n");
```

```
        exit(0);
      }
    printf("\nPlease input a string.Press Enter key to end.\n");
    while((ch=getchar())!='\n')    fputc(ch,fp);
    fclose(fp);
}
```

程序运行结果图 8.2 所示。

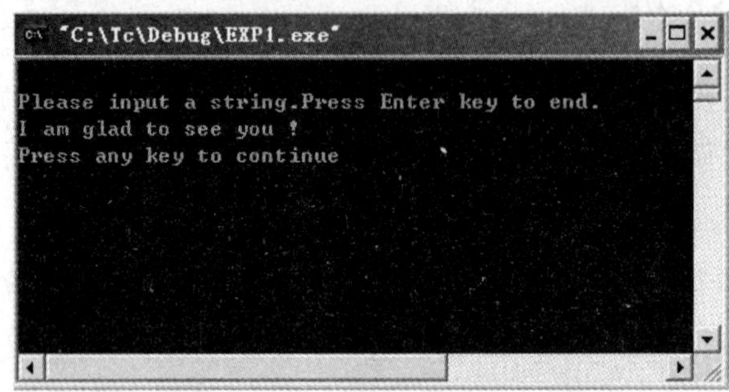

图 8.2　案例 8-2 运行结果示意图

2．字符输入函数（fgetc 函数）

fgetc 函数的使用格式如下：

ch=fgetc(fp);

fgetc 函数将从 fp 所指的文件中读取一个字符，并将其作为函数值返回，同时文件内部的位置指针下移一个字符位置。当读到文件尾时，即遇到文件结束符 EOF（其对应值为-1），此时该函数返回 EOF（-1）。

【案例 8-3】将 C 盘根目录下名为 test.txt 的文件内容读出显示在显示器上，并统计出文件的长度。

```
#include "stdio.h"
void main()
{
  FILE *fp;
  char   ch;
  int len=0;
  if((fp=fopen("c:\\test.txt","r"))==NULL)
     {
        printf("Cannot open    this file.\n");
        exit(0);
     }
  while((ch=fgetc(fp))!=EOF)
     {
        fputc(ch,stdout);
        len++;
     }
  printf("\nThe file\'s length is %dB", len);
  fclose(fp);
}
```

程序运行结果如图 8.3 所示。

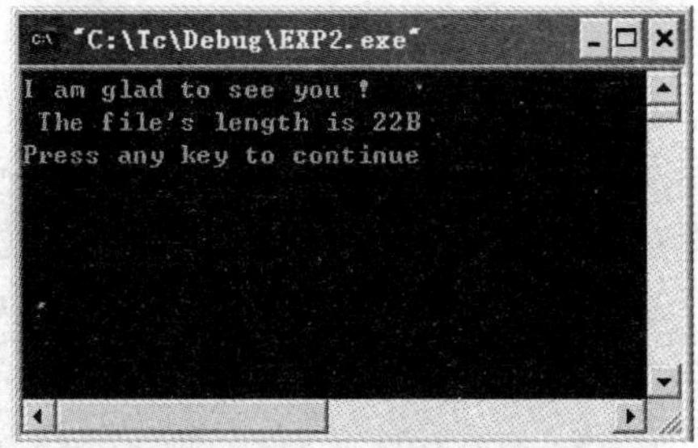

图 8.3　案例 8-3 运行结果示意图

当然，如果想将文件内容输出到打印机上，则只需将 fputc(ch,stdout)中的 stdout 替换成 stdprn。

需要注意的是，这里的字符输入、输出函数均是针对文件操作的。

3.2　格式化的输入和输出

文件的格式化输入与输出（fscanf 函数和 fprintf 函数）函数是在以前学过的格式化输入、输出函数的名称前加上 f 形成的，表示是对文件（file）的操作。

fscanf 函数和 fprintf 函数是按照一定的格式对文件进行读写。它们的使用格式为：

fprintf(fp, 格式字符串, 输出列表)；

fscanf(fp, 格式字符串, 输入列表)；

该函数把输出（输入）列表中的各项按照格式字符串中指定的格式输出（输入）到 fp 指向的文件中。当用 stdout（显示器）替代 fp 时，fprintf 函数与 printf 函数等价；当用 stdin（键盘）替代 fp 时，fscanf 函数与 scanf 函数等价。

【案例 8-4】在 C 盘根目录下新建一个名为 student.dat 的文件，用来保存由键盘随机输入的 3 位学生的姓名、学号和成绩信息。

```
#include "stdio.h"
void main()
{
   FILE *fp;
   char   name[7];
   long   num;
   float score;
   int count=0;
   if((fp=fopen("c:\\student.dat","w"))==NULL)
     {
       printf("Cannot open   this file.\n");
       exit(0);
     }
   while(count<3)
   {
      printf("\n 请输入第%d 位学生的姓名、学号和成绩：",++count);
      scanf("%s %ld %f",&name,&num,&score);
      fprintf(fp,"%s %ld %.1f",name,num,score);
   }
   fclose(fp);
}
```

程序运行结果如图 8.4 所示。

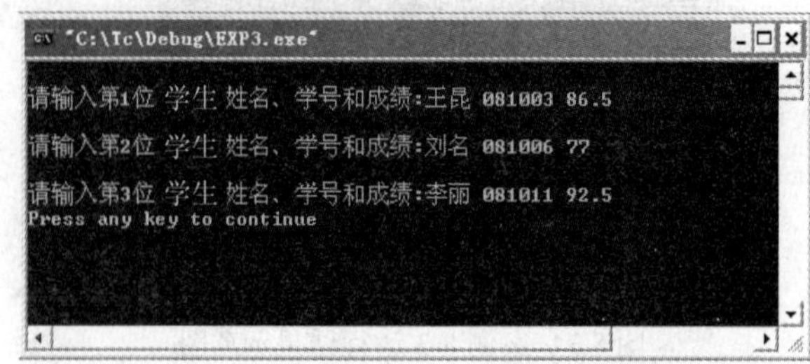

图 8.4 案例 8-4 运行结果示意图

程序运行后所生成的 student.dat 文件中的内容如图 8.5 所示。

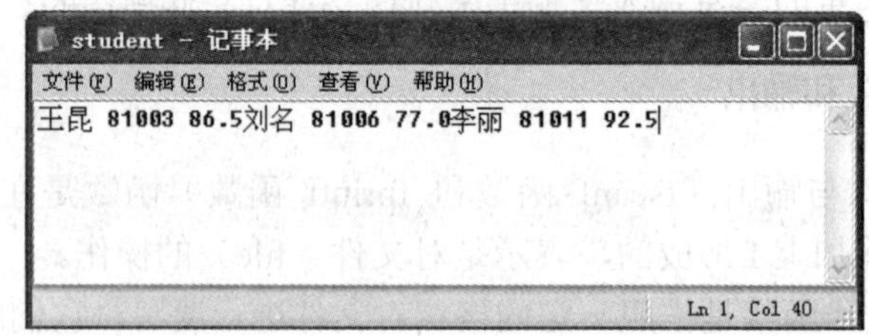

图 8.5 案例 8-4 生成的文件内容

由于这两个函数与 printf 函数和 scanf 函数类似，这里不再赘述。

3.3 "记录"式输入输出（fread 函数和 fwrite 函数）

如果文件用二进制形式打开，使用 fread 函数和 fwrite 函数可以一次读入或写入多组数据"记录"。它们的使用格式为：

```
fwrite(buffer , size , count , fp) ;
fread(buffer , size , count , fp) ;
```

其中，buffer 是一个指针，对 fwrite 来说，是将要输出的数据区的起始地址；而对 fread 来说，则是指从文件读入数据到内存存放时的存放地址。size 为要读写的字节数，count 表示要读写多少个 size 字节的数据项，fp 是文件指针变量。fread 和 fwrite 如果成功执行，则返回 count 值。

【案例 8-5】在 C 盘根目录下新建一个名为 stud.dat 的文件，用来保存 st1 数组中 3 位学生的姓名、学号和成绩信息。

```
#include "stdio.h"
typedef struct student
  {
        char   name[15];
        long   num;
        float score;
  } STUD;          /*将 STUD 定义为结构体类型名，以方便以后的使用*/
void main()
{
    int n;
    FILE *fp;
    STUD    st[3]={{"王汉",81001,87},{"蒋理",81013,90.5},{"胡月",81005,82.5}};
```

```
    if((fp=fopen("c:\\stud.dat","wb"))==NULL)
      {
        printf("Cannot open   this file.\n");
        exit(0);
      }
    for(n=0;n<3;n++)
      fwrite(st+n,sizeof(st[0]),1,fp);
    fclose(fp);
}
```

【案例 8-6】将 C 盘根目录下名为 stud.dat 的文件中的内容读出，并放入到 st2 数组中，同时显示在显示器上。

```
#include "stdio.h"
typedef struct student
{
    char   name[15];
    long   num;
    float score;
} STUD;
void main()
{
    int n;
    FILE *fp;
    STUD   st2[3];
    if((fp=fopen("c:\\stud.dat","rb"))==NULL)
    {
        printf("Cannot open   this file.\n");
        exit(0);
    }
    for(n=0;n<3;n++)
    {
        fread(st2+n,sizeof(st2[0]),1,fp);
        printf("%8s%10ld%8.2f\n",st2[n].name ,st2[n].num ,st2[n].score );
    }
    fclose(fp);
}
```

程序运行结果如图 8.6 所示。

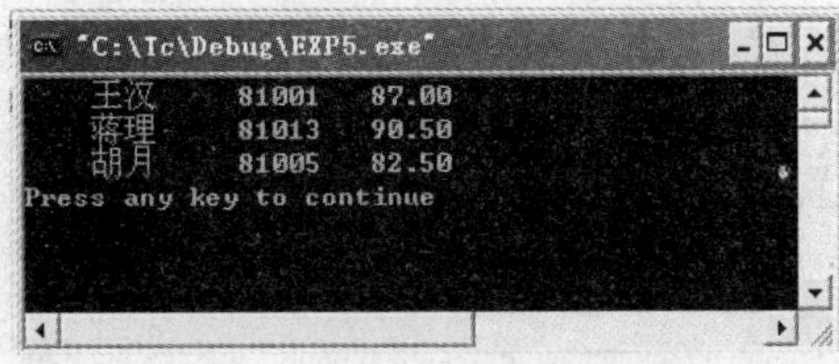

图 8.6　案例 8-6 的输出结果

知识点 4　文件的定位与随机读写

前面的文件操作都是从文件开头顺序进行读写操作的。实际上在文件内部，有一个用来指示当前数据位置的位置指针，它总是指向当前读或写的位置。在顺序读写完一个字节后，它就会自动向后移动一个字节的位置，从而指向下一个将要读写的新位置。如果一次读写的数据项包含多个字节，则对该数据项读写完后，位置指针就自动移到该数据项之后，指向下一个数据项。

对文件进行定位或进行随机读写，主要就是通过控制文件内部的位置指针来实现的。

4.1 文件的定位操作

1．rewind 函数

使用格式为：

rewind(fp) ;

rewind 函数的作用是使位置指针重新指向文件的开头，该函数无返回值。

2．fseek 函数

该函数能够使文件的位置指针移动到所需要的位置。通过调用 fseek 函数可以对文件进行随机定位，从而进行随机读写。执行该函数成功，返回值 0；出错，则返回值为-1。使用格式为：

fseek(fp, 位移量, 起始点);

其中起始点可取 0、1、2 三个值之一，其对应的 ANSI C 标准定义的名字如表 8.3 所示。

表 8.3 ANSI C 标准

起始点	名字	含义
0	SEEK_SET	文件开始
1	SEEK_CUR	文件当前位置
2	SEEK_END	文件末尾

“位移量”是指以“起始点”为基准点，向前移动的字节数。这里的“向前”是指从文件头向文件尾的移动方向。位移量是 long 类型的数据，这样当文件长度大于 64KB 时，依然能够确保函数正常进行。当位移量为正时，文件的位置指针向前移动；当位移量为负时，文件的位置指针向后移动。例如：

```
fseek(fp,20L,SEEK_SET);     /*将位置指针从文件头向前移动 20 个字节*/
fseek(fp,-30L,1);           /*将位置指针从当前位置向文件头方向移动 30 个字节*/
fseek(fp,-20L,2);           /*将位置指针从文件尾位置向文件头方向移动 20 个字节*/
```

3．ftell 函数

该函数返回当前文件位置指针的位置，用相对于文件开头的位移量来表示。如果返回-1，则表示出错。其使用格式为：

ftell(fp) ;

4.2 文件的随机读写

所谓随机读写，就是没有顺序的读写，或者是指定位置的读写。也就是根据需要，利用前面的位置定位函数先将位置指针定位在指定位置，然后再进行读写操作。

【案例 8-7】随机输入一个记录号，然后将 stud.dat 文件中指定的记录内容输出出来。

```
#include "stdio.h"
typedef struct student
```

```
{
      char    name[15];
      long    num;
      float score;
} STUD;
void main()
{
    int n;
    FILE *fp;
    STUD    st;
    unsigned long offset;                /*将 offset 定义为 long 类型，用来存放位移量*/
    if((fp=fopen("c:\\stud.dat","rb"))==NULL)
      {
        printf("Cannot open    this file.\n");
        exit(0);
      }
    printf("\n 请输入要输出的记录号：");
    scanf("%d",&n);
    while(n<1 || n>3)
      {
        printf("\n 数据输入错误，一定要在[1,3]之间!\n");
        printf(" 请认真输入：");
        scanf("%d",&n);
      }
    offset=sizeof(st)*(n-1);        /*计算位移量，并将其赋值给 long 型的变量*/
    printf("\n%d 号记录的内容为：\n\n",n);
    if(!fseek(fp,offset,0))
    {
        fread(&st,sizeof(st),1,fp);
        printf("%8s%10ld%8.2f\n",st.name ,st.num ,st.score );
    }
    fclose(fp);
}
```

程序运行结果如图 8.7 所示。

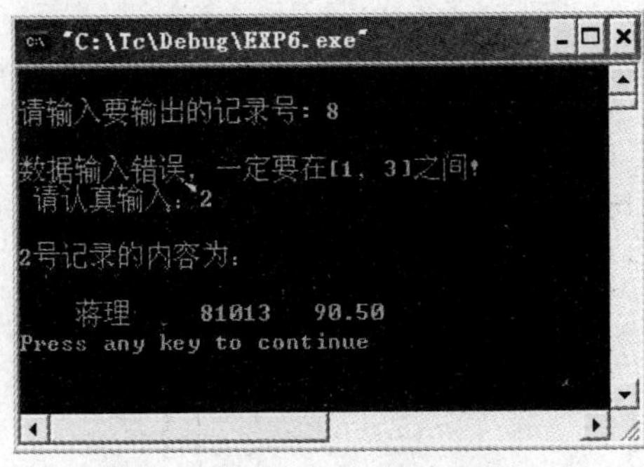

图 8.7　案例 8-7 的输出结果

4.3 文件操作的出错检测

1．ferror 函数

在调用各种输入输出函数时，用 ferror 函数可以检查上述操作是否有错。使用方法如下：

```
ferror(fp) ;
```

若函数返回值为 0，则表示正常；若为非 0，则表示出错。在调用 fopen 函数时，系统会自动使相应文件的 ferror 函数的初始值为 0。每调用一次输入输出函数后，都有一个 ferror 函数值与之相对应。如果想检查调用的输入输出函数是否出错，应在调用其他输入输出函数之前进行，否则会丢失真实的出错信息。

2．clearerr 函数

clearerr 函数的作用是将文件错误标志和文件结束标志置 0，无返回值，其用法为：

```
clearerr(fp);
```

当文件 I/O 发生错误时，其错误标志就一直保留，直到再一次调用 I/O 函数、clearerr 函数或 rewind 函数。

1．简述文件的概念。

2．简述文本文件与二进制文件的差别。

3．从键盘输入一个字符串，然后将其输出到一个名为 file1.txt 的新文件中去。

4．将 file1.txt 文件中的内容复制到 file2.txt 中去。系统原来没有 file2.txt 文件。

5．统计一篇文章中大写字母出现的次数。

6．从 file1.txt 文件中读取所有的字母字符，加上 4 后，再存入到 file3.txt 文件中去。如 a->e，b->f，…，y->c，z->d。实现加密存储。

7．随机从键盘输入 5 个学生的数据，包括学号、姓名、年龄、三门课的分数，然后求出每人的平均分，用 fprintf 函数输出学生的学号、姓名和平均分，磁盘文件名为 result.dat，再用 fscanf 函数从该文件中读出这些数据并输出在显示器上。

第 9 章　C 语言在控制系统中的应用

随着工业控制技术的不断发展，以 C 语言为主流的高级语言也不断被更多的工程技术人员所喜爱。在嵌入式控制系统中，C 语言已经成为编程语言的标准。使用 C 语言肯定要用到 C 编译器，以便把写好的 C 程序编译为机器码。本章以工业控制中应用最广泛的单片机系统开发环境——Keil uVision2 为平台，将详细阐述如何在工业控制系统中使用 C 语言、如何编写 C 语言控制程序。本章选取工业控制中的一些常用算法。为了便于读者调试程序，硬件的环境是 Proteus 仿真平台，如果读者有自己的开发平台，只需要修改 Keil 的一些参数，程序即可移植到自己的平台。

知识点 1　C51 数据类型

在标准 C 语言中，基本的数据类型为 char、int、short、long、float 和 double，而在 Keil uVision2 C51 编译器中 int 和 short 相同，float 和 double 相同，这里就不列出说明了，表 9.1 给出了它们的具体定义。

表 9.1　KEIL uVision2 C51 编译器所支持的数据类型

数据类型	长度	值域
unsigned char	单字节	0～255
signed char	单字节	-128～+127
unsigned int	双字节	0～65535
signed int	双字节	-32768～+32767
unsigned long	4 字节	0～4294967295
signed log	4 字节	-2147483648～+2147483647
float	4 字节	±1.175494E-38～±3.402823E+38
*	1～3 字节	对象的地址
bit	位	0 或 1
sfr	单字节	0～255
sfr16	双字节	0～65535
sbit	位	0 或 1

1.1　sbit 类型与可寻址位

sbit 是 C51 中的一种扩充数据类型，利用它可以访问芯片内部 RAM 中的可寻址位或特殊功能寄存器中的可寻址位。例如：

```
sbit P1_0 = 0x90;    //P1_0 为 P1 寄存器的位 0
```

这样在以后的程序语句中就可以用 P1_0 来对 P1.0 引脚进行读写操作了。通常这些可以直接使用系统提供的预处理文件，里面已定义好各特殊功能寄存器的简单名字（//后面为注释内容）。

单片机输入输出引脚用于数字信号的输入输出，其中输入输出端口 P1 口有 8 位，分别为 P1.0～P1.7，对应的位地址为 0x90～0x97，如图 9.1 所示。

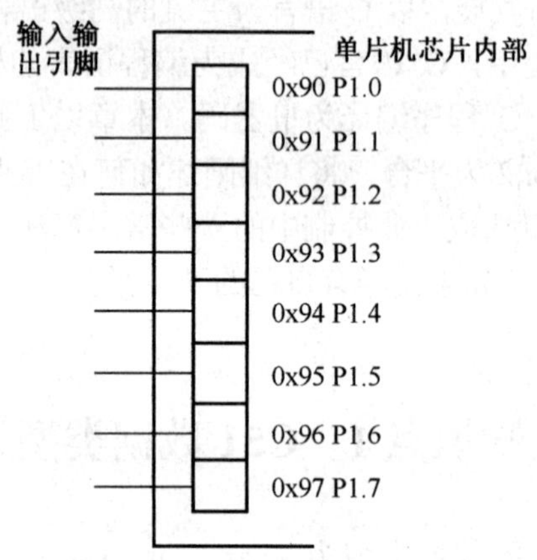

图 9.1 输入输出引脚和位映射与位地址

当需要 P1.0 输出低电平“0”时，只需执行 P1_0=0 即可。

sbit 可以定义可位寻址对象，如访问特殊功能寄存器中的某位。其实这样应用是经常要用的。如要访问 P1 口中的第 2 个引脚 P1.1，可以按照以下方法去定义：

（1）sbit 位变量名=位地址

```
sbit P1_1 = 0x91;
```

这样是把位的绝对地址赋给位变量。同sfr一样，sbit的位地址必须位于80H～FFH之间。

（2）sbit 位变量名=特殊功能寄存器名^位位置

```
sft P1 = 0x90;
sbit P1_1 = P1^1;     //先定义一个特殊功能寄存器名，再指定位变量名所在的位置，当可寻址位位于
                      //特殊功能寄存器中时可采用这种方法
```

（3）sbit 位变量名=字节地址^位位置

```
sbit P1_1 = 0x90 ^ 1;
```

这种方法其实和方法（2）是一样的，只是把特殊功能寄存器的位地址直接用常数表示。操作符“^”后面的位位置的最大值取决于指定的基址类型，如 char：0～7，int：0～15，long：0～31。

【案例 9-1】点亮一只发光二极管。

- 教学环境：Keil uVision2 编程 IDE 平台、Proteus 仿真平台。
- 项目任务：程序执行后，发光二极管亮。
- 操作训练：

步骤 1 打开 Keil，新建项目，名称为 p10-1setLED，如图 9.2 和图 9.3 所示，选择 AT89C51 作为 CPU，如图 9.4 所示。

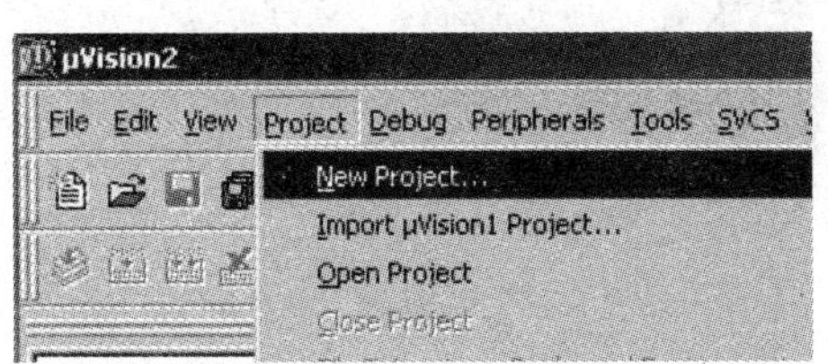

图 9.2　新建项目

图 9.3　项目名为 p10-1setLED

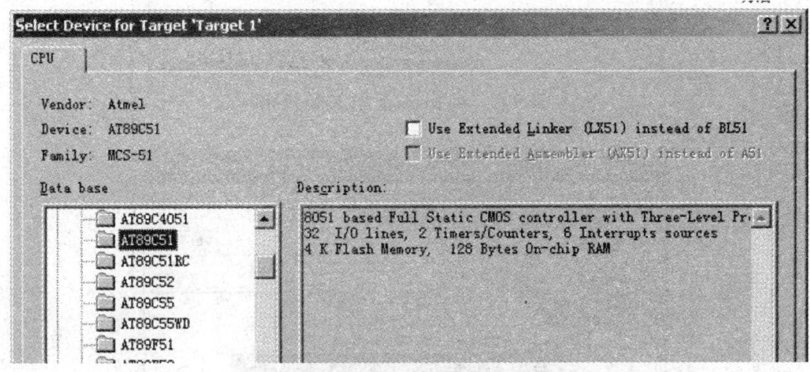

图 9.4　选择 CPU

步骤2　新建文件，通过File→New命令新建程序，存盘为main.c，如图9.5所示。

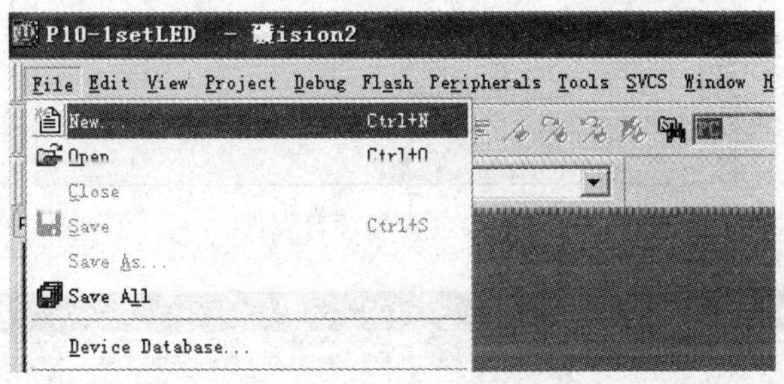

图 9.5　新建文件

输入程序如下：

```
sbit P1_0=0x90;
main()
{
   P1_0=0;
   while(1);
}
```

步骤 3　将 main.c 加入到项目中，如图 9.6 所示。

步骤 4　设置输出 HEX 文件，如图 9.7 和图 9.8 所示。

步骤 5　编译项目，如图 9.9 所示。

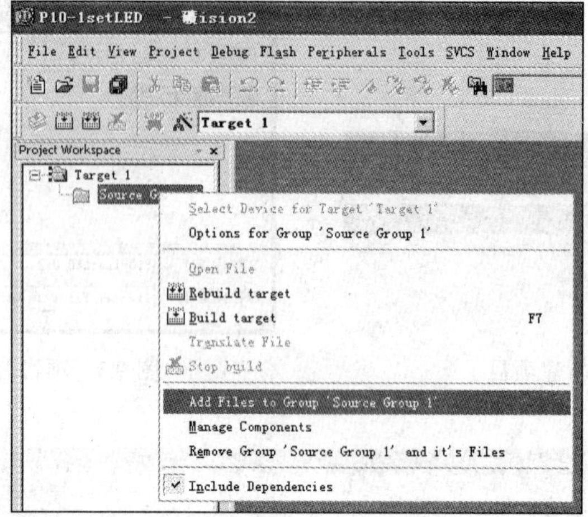

图 9.6 将 main.c 加入项目中

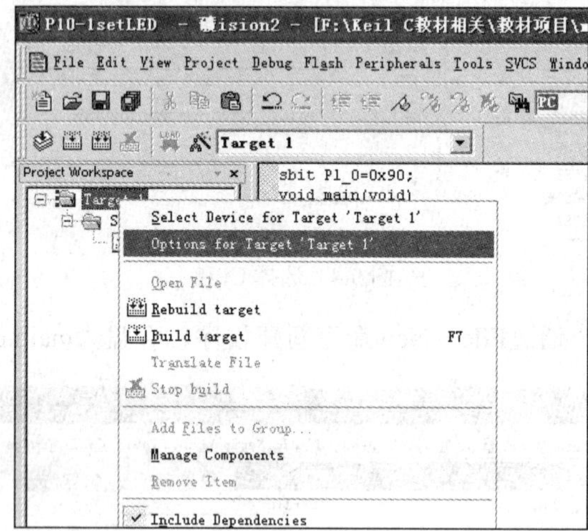

图 9.7 设置项目属性

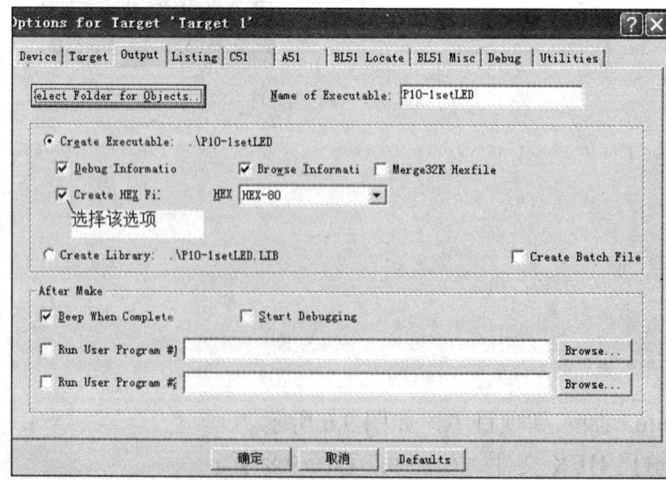

图 9.8 设置创建 HEX 文件选项

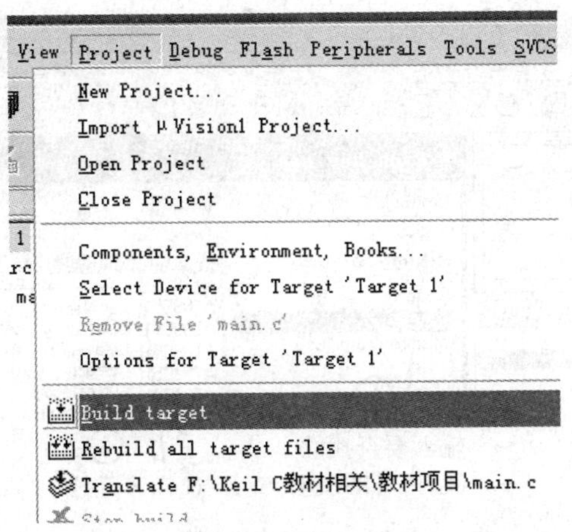

图 9.9　编译项目

至步骤 5，程序输入和编译完毕，生成一个 HEX 文件 P10-1setLED.hex，下一步骤开始创建仿真电路图，并运行上面的程序以验证该程序是否正确。

步骤 6　打开 Proteus，创建仿真电路 P10-1setLED，如图 9.10 所示。

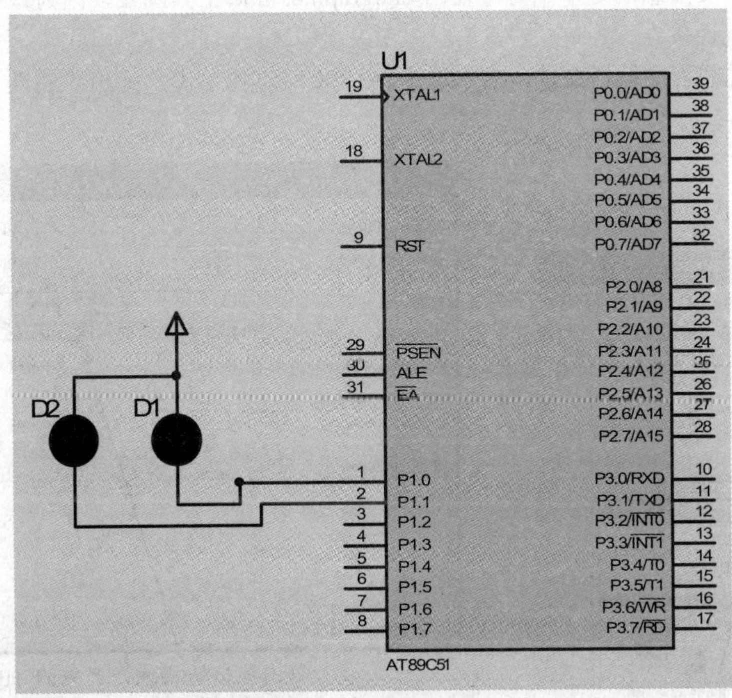

图 9.10　仿真电路图

过程如下：

（1）查找元件，如图 9.11 所示，将 AT89C51 和 LED-RED 两个元件放到设备列表 Devices 中。

（2）将元件放置到电路图中，注意右击选中元件，再次右击将删除该元件。放置一个 AT89C51 和两个发光二极管。

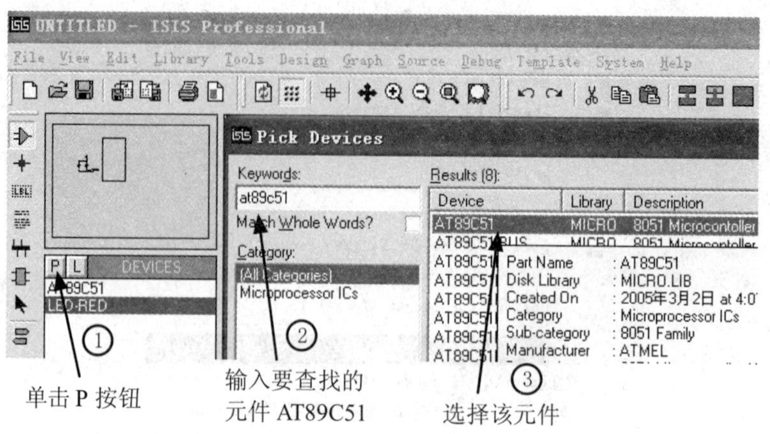

图 9.11　查找元件

（3）放置电源，如图 9.12 所示。

（4）画线。

将元件的引脚用导线连接。注意，从引脚开始画起到另一引脚结束，一般单击 LBL 按钮后再画线。需要注意的是，千万不要用 2D graphics line 工具画线，因为该工具画出来的线不表示任何电气连接。

步骤 7　加载程序编译文件，右击选中 AT89C51，再单击，弹出“属性”对话框，如图 9.13 所示。

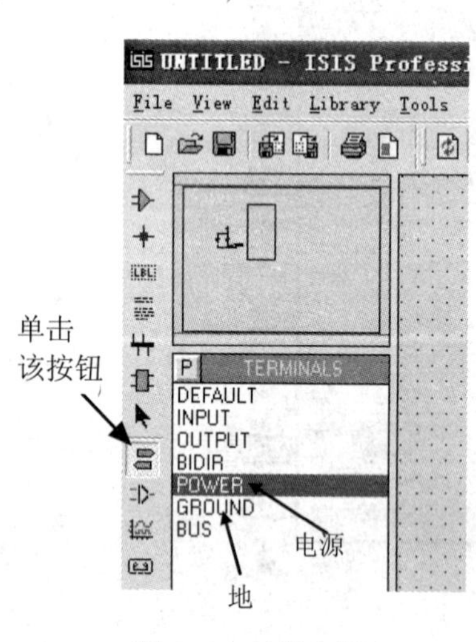

图 9.12　放置电源

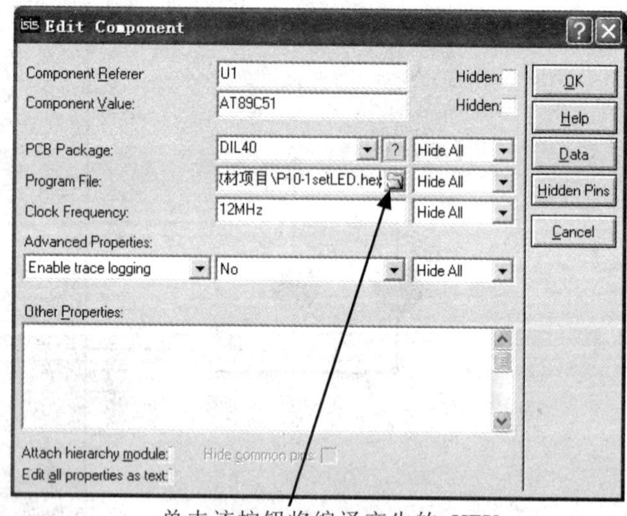

图 9.13　加载 HEX 文件

步骤 8　执行。

单击图 9.14 中的“运行”按钮执行程序，执行的结果如图 9.15 所示。

- 技能检验：

（1）设计 C 代码，采用 sbit 数据类型实现 D1 和 D2 亮。

（2）设计 C 代码，采用 sbit 数据类型实现 D1 灭、D2 发光。

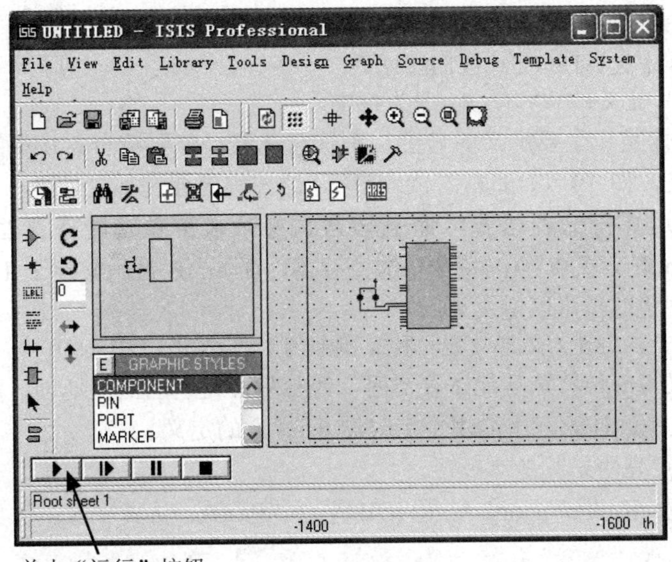

图 9.14　运行程序

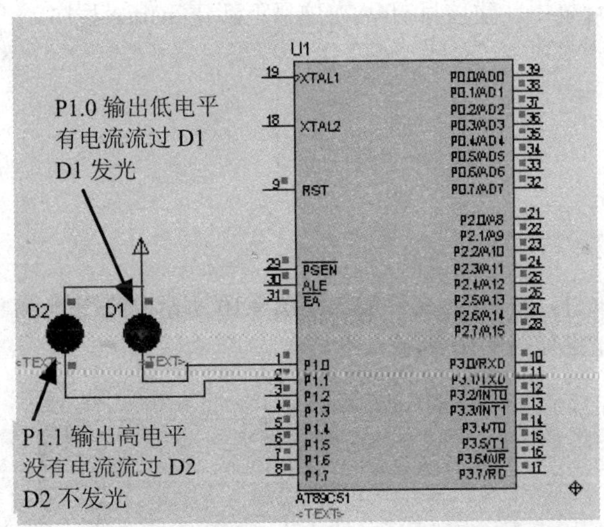

图 9.15　点亮一个发光二极管运行结果

1.2　sfr 类型与特殊功能寄存器

sfr 是一种扩充数据类型，占用一个内存单元，值域为 0～255。利用它可以访问 51 单片机内部的所有特殊功能寄存器，特殊功能寄存器是一个字节单元，能实现特殊控制功能。如用 sfr P1 = 0x90 定义 P1 端口在片内的地址为 0x90。定义后语句 P1=0xfc 将十六进制数 0xFC（也就是二进制数 11111100）写入 P1 端口，这样 P1.0 和 P1.1 引脚输出低电平，P1.2～P1.7 输出高电平，对应于图 9.10 所示的仿真电路图，D1 和 D2 发光二极管将全部亮。

sfr 和 sfr16 可以直接对单片机的特殊寄存器进行定义，定义方法如下：

```
sfr 特殊功能寄存器名= 特殊功能寄存器地址常数;
```

sfr16 特殊功能寄存器名= 特殊功能寄存器地址常数;

我们可以这样定义 AT89C51 的 P1 口：

sfr P1 = 0x90;　//定义 P1 I/O 口，其地址为 90H

sfr 关键字后面是一个要定义的名字，可任意选取，但要符合标识符的命名规则，名字最好有一定的含义，如 P1 口可以用 P1 为名，这样程序会变得很易读。等号后面必须是常数，不允许有带运算符的表达式，而且该常数必须在特殊功能寄存器的地址范围之内（80H～FFH）。sfr 是定义 8 位的特殊功能寄存器，而 sfr16 是用来定义 16 位特殊功能寄存器，如 8052 的 T2 定时器可以定义为：

sfr16 T2 = 0xCC;　//这里定义 8052 定时器 2，地址为 T2L=CCH，T2H=CDH

用 sfr16 定义 16 位特殊功能寄存器时，等号后面是它的低位地址，高位地址一定要位于物理低位地址之上。注意，不能用于定时器 0 和 1 的定义。

【案例 9-2】点亮两只发光二极管。

- 教学环境：Keil uVision2 编程 IDE 平台、Proteus 仿真平台，仿真电路图如图 9.10 所示。
- 项目任务：程序执行后，两只发光二极管亮。
- 操作训练：

步骤 1　在 Keil 环境下新建项目 sfr，在项目下新建 main.c 程序。

C 代码如下：

```
sfr P1=0x90;
void main()
{
    P1=0xfc;
    while(1);
}
```

步骤 2　编译该项目，将 HEX 文件加入到图 9.10 所示电路图的 AT89C51 芯片中。

步骤 3　执行，结果如图 9.16 所示。

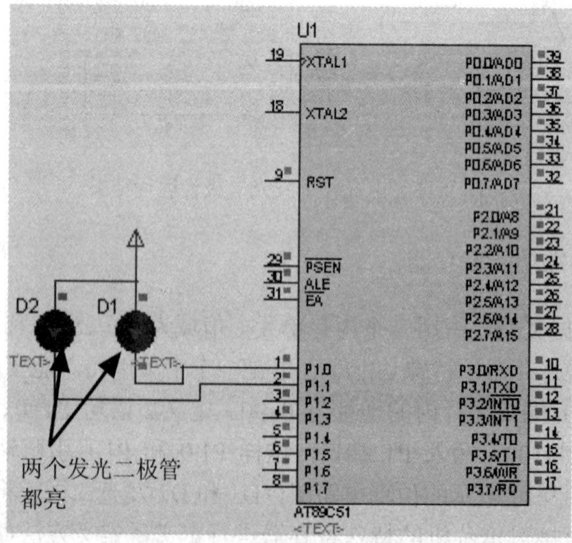

图 9.16　sfr 项目仿真执行结果

● 技能检验：

（1）设计 C 程序，采用 sfr 数据类型实现 D1 亮、D2 灭。

（2）设计 C 程序，采用 sfr 数据类型实现 D1 灭、D2 亮。

1.3 其他数据类型

Keil 下的其他数据类型与标准 C 类似，下面给出一个关于 unsigned char 和 unsigned int 的一个应用示例。

【案例 9-3】两只发光二极管循环点亮。

- 教学环境：Keil uVision2 编程 IDE 平台、Proteus 仿真平台，仿真电路图如图 9.10 所示。
- 项目任务：程序执行后，两只发光二极管间隔一段时间依次点亮。
- 操作训练：

步骤 1　在 Keil 下新建项目 unsigned_int，新建 main.c 程序如下：

```
sbit P1_0=0x90;
sbit P1_1=0x91;
void main()
{
   unsigned int a;
   while(1)
   {
      P1_0=0;                        //D1 亮
      P1_1=1;                        //D2 灭
      for(a=0;a<65535;a++);          //延时一段时间
        P1_0=1;                      //D1 灭
        P1_1=0;                      //D2 亮
      for(a=0;a<65535;a++);          //延时一段时间
   }
}
```

程序中，for(a=0;a<65535;a++);语句的作用是延时一段时间，unsigned int 的范围是 0～65535，当 a 加到 65535 时循环结束，在一段时间内维持前面的锁存设置。unsigned int 数据类型的变量的最大值是 65535，在不超过 65535 的数据的整数操作中，可以使用 unsigned int 数据类型。该案例的控制流程如图 9.17 所示。

步骤 2　编译该项目，将 HEX 文件加入到图 9.10 所示电路图的 AT89C51 芯片中。

步骤 3　在 Proteus 中执行该程序，观察结果。

● 技能检验：

（1）编写 C 语言程序，使“D1 和 D2 同时亮一段时间→D1 和 D2 同时灭一段时间→D1 和 D2 同时亮一段时间”，并在图 9.10 所示的电路图中验证。

（2）变量 a 定义为 unsigned char 类型，上述 C 程序改为：

```
sbit P1_0=0x90;
sbit P1_1=0x91;
```

```
void main()
{
    unsigned char a;
    while(1)
    {
        P1_0=0;                   //D1 亮
        P1_1=1;                   //D2 灭
        for(a=0;a<255;a++);       //延时一段时间
        P1_0=1;                   //D1 灭
        P1_1=0;                   //D2 亮
        for(a=0;a<255;a++);       //延时一段时间
    }
}
```

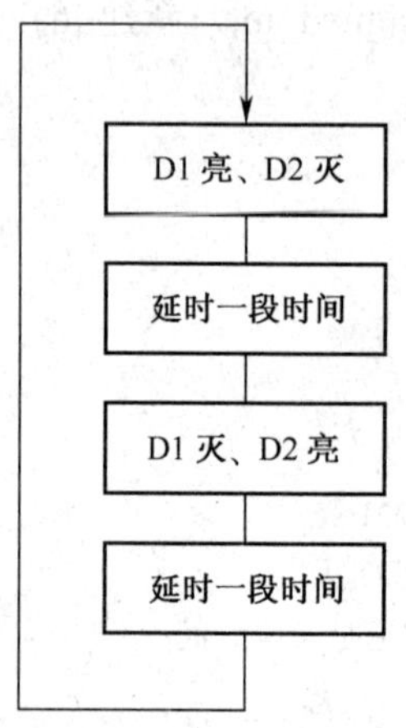

图 9.17　案例 9-3 的控制流程

编译后再在图 9.10 所示的电路图中运行，观察结果。

程序改为：

```
sbit P1_0=0x90;
sbit P1_1=0x91;
void main()
{
    unsigned char a;
    while(1)
    {
        P1_0=0;                   //D1 亮
        P1_1=1;                   //D2 灭
        for(a=0;a<256;a++);       //延时一段时间
        P1_0=1;                   //D1 灭
        P1_1=0;                   //D2 亮
        for(a=0;a<256;a++);       //延时一段时间
    }
}
```

编译后再在图 9.10 所示的电路图中运行，观察结果，为什么不能实现交替亮？关于这个问题，在后面的内容中会给出一个例子来说明。

知识点 2　变量与存储器类型

C 语言定义的变量需要在存储器中存储，变量可以看做是存储单元的映像。Keil C51 变量的定义方式为：

[存储种类] 数据类型 [存储器类型] 变量名表

在定义格式中除了数据类型和变量名表是必要的，其他都是可选项。存储种类有 4 种：自动（auto）、外部（extern）、静态（static）和寄存器（register），默认类型为自动（auto）。而这里的数据类型则和前面学习到的各种数据类型的定义是一样的。说明了一个变量的数据类型后，还可以选择说明该变量的存储器类型。存储器类型的说明就是指定该变量在 C51 硬件系统中所使用的存储区域，并在编译时准确地定位。表 9.2 所示是 Keil uVision2 所能识别的存储器类型。注意，在 AT89C51 芯片中 RAM 只有低 128 位，位于 80H～FFH 的高 128 位则在 52 芯片中才有用，并和特殊寄存器地址重叠。

表 9.2　变量的存储器类型

存储器类型	说明
data	直接访问内部数据存储器（128 字节），访问速度最快
bdata	可位寻址内部数据存储器（16 字节），允许位与字节混合访问
idata	间接访问内部数据存储器（256 字节），允许访问全部内部地址
pdata	分页访问外部数据存储器（256 字节）
xdata	外部数据存储器（64KB）
code	程序存储器（64KB），只允许读取

对于 bdata 存储器类型定义的变量，允许按位方式进行寻址。例如，unsigned char bdata st 表示定义无符号字节整数，存储于可位寻址内部数据存储器，则变量 st 可按位寻址。

【案例 9-4】bdata 存储器类型应用。

- 教学环境：Keil uVision2 编程 IDE 平台、Proteus 仿真平台，仿真电路图如图 9.10 所示。
- 项目任务：程序执行后，发光二极管 D1 闪烁的流程为：亮 1 秒→灭 2 秒→亮 3 秒→灭 2 秒。
- 操作训练：程序设计的思路是，定义一个 bdata 存储器类型变量，该变量的值为 11000110b，每间隔 1 秒将对应位送 P1.0 即可实现该功能。变量 a 的值以及数据传送过程如图 9.18 所示。

程序的流程图如图 9.19 所示。

程序代码如下：

```
#define Get_bit(x,y) (((x)&(1<<(y)))==0?0:1)
sbit P1_0=0x90;
```

```
void main()
{
    unsigned char bdata a;
    unsigned char data i;
    unsigned int t;
    while(1)
    {
    a=0xc6;
    for(i=0;i<8;i++)
    {
        P1_0=Get_bit(a,i);          //获取变量 a 的第 i 位
        for (t=0;t<20000;t++);     //延时
    }
    }
}
```

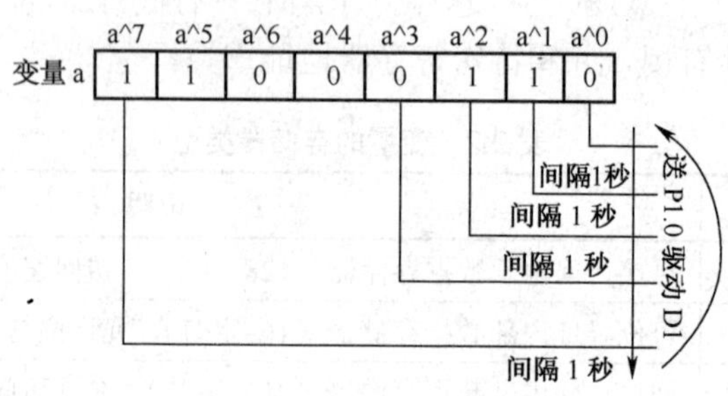

图 9.18　案例 9-4 的数据传送过程

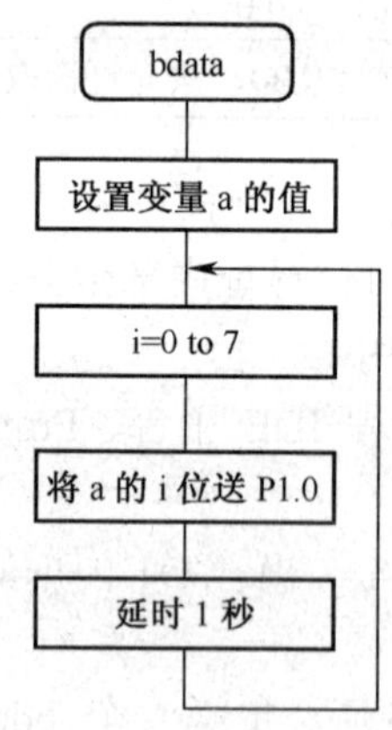

图 9.19　案例 9-4 的流程图

- 技能检验：

设计 C 语言程序，D1 闪烁的流程为：亮 3 秒→灭 1 秒→亮 2 秒→灭 2 秒；D2 闪烁的流程为：亮 2 秒→灭 2 秒→亮 1 秒→灭 3 秒。在图 9.10 所示的电路图中执行。

code 存储器类型的数据只允许读取，一般用于存储表格、初始化等在程序运行中不变的量。

【案例 9-5】code 存储器类型应用。

- 教学环境：Keil uVision2 编程 IDE 平台、Proteus 仿真平台，仿真电路图如图 9.20 所示。
- 项目任务：程序执行后，在七段 LED 上依次显示数字 0～9，并循环显示。
- 操作训练：

步骤 1　在 Proteus 环境下设计电路图，如图 9.20 所示。

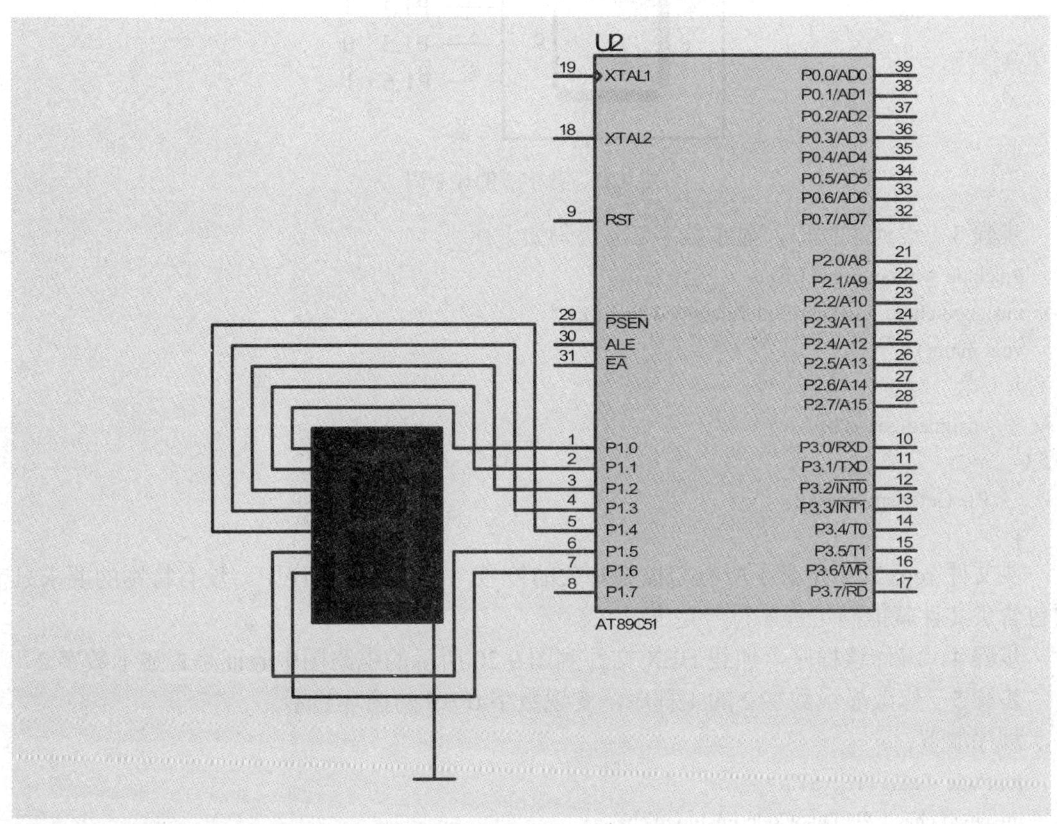

图 9.20　案例 9-5 的电路图

蓝色共阴极七段发光二极管元件的名字为 7SEG-COM-CAT-BLUE，其他操作参考图 9.10 所示电路图的画法。

步骤 2　设计 C 语言函数，函数返回给定数字的显示码。

函数如下：

```
unsigned char   GetDispCode(unsigned char a)
{
    unsigned char code   LED7Code[]={0x3f,0x06,0x5b,0x4f,0x66 ,
        0x6d ,0x7d ,0x07 ,0x7f ,0x6f};
    return   LED7Code[a];
}
```

以数字 2 为例，如图 9.21 所示，P1.6～P1.0 输出为 1011011 时，七段 LED 的 a、b、d、e、g 段亮，显示的形状为数字 2，所以 2 的显示码为 0x5b。依此方法可以推算出数字 0～9

的显示码为：0x3f、0x06、0x5b、0x4f、0x66、0x6d、0x7d、0x07、0x7f、0x6f。

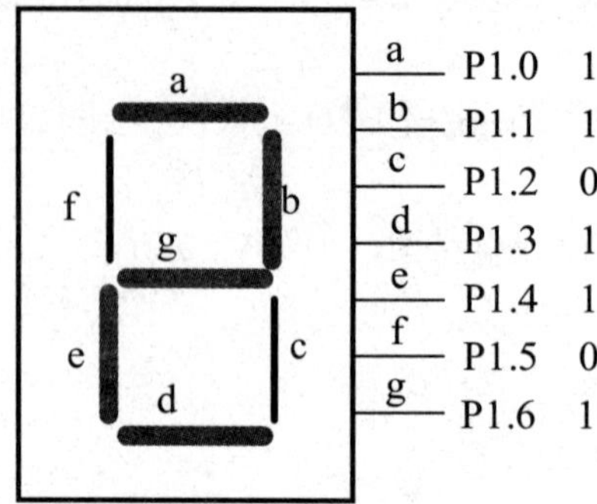

图 9.21　数字 2 的显示码

步骤 3　设计主程序，显示数字 2，代码如下：

```
#include <\atmel\regx51.h>
unsigned char   GetDispCode(unsigned char a);
void main()
{
    unsigned char a,b;
    a=2;
    P1=GetDispCode(a);
}
```

头文件 regx51.h 定义了所有与控制有关的符号，在以后的程序中，没有特别的要求只需要包含头文件就能满足程序符号定义。

步骤 4　编译该程序，加载 HEX 文件到图 9.20 所示的电路图中验证是否显示数字 2。

步骤 5　修改显示数字 2 的主程序，实现数字 0～9 的循环显示。

程序如下：

```
#include <\atmel\regx51.h>
unsigned char   GetDispCode(unsigned char a);
void main()
{
    unsigned char i;
    unsigned int temp;
    while(1)
    {
      for (i=0;i<10;i++)
      {
          P1=GetDispCode(i);                      //获取显示码
          for(temp=0;temp<30000;temp++);          //延时一段时间
      }
    }
}
unsigned char   GetDispCode(unsigned char a)
```

```
{
    unsigned char code    LED7Code[]={0x3f,0x06,0x5b,0x4f,0x66 ,0x6d ,
    0x7d ,0x07 ,0x7f ,0x6f ,0x77 ,0x7c};
    return    LED7Code[a];
}
```

程序中，for (i=0;i<10;i++)语句 i 从 0 加到 9，通过函数 GetDispCode(i)获取 i 的显示码，送 P1 端口驱动共阴极七段 LED 显示，每个数字显示的时间由 for(temp=0;temp<30000;temp++);循环次数决定。

步骤 6　在图 9.20 所示的电路图中加载 HEX 文件，测试是否能正常运行。

- 技能检验：

（1）编写 C 语言程序，循环显示数字 9～0，即依次显示 9，8，…，0。

（2）依次显示 A、b、C、d、E、F、H、—、L、P。

知识点 3　指针

C51 提供一个 3 字节的通用存储器指针，通用指针的头一个字节表明指针所指的存储区空间，另外两个字节存储 16 位偏移量，对于 data、idata 和 pdata 段只需要 8 位偏移量。Keil 允许用户规定指针指向的存储段，这种指针叫具体指针，使用具体指针的好处是节省了存储空间，编译器不用为存储器选择和决定正确的存储器操作指令产生代码，这样就使代码更加简短，但你必须保证指针不指向你所声明的存储区以外的地方，否则会产生错误，而且很难调试。

【案例 9-6】采用指针方法实现 0～9 数字的循环显示。

- 教学环境：Keil uVision2 编程 IDE 平台、Proteus 仿真平台，仿真电路图如图 9.20 所示。
- 项目任务：程序执行后，在七段 LED 上依次显示数字 0～9，并循环显示。
- 操作训练：

步骤 1　采用指针的方法编写函数，返回显示码。代码如下：

```
unsigned char code    LED7Code[]={0x3f,0x06,0x5b,0x4f,0x66 ,0x6d ,
0x7d ,0x07 ,0x7f ,0x6f ,0x77 ,0x7c};
unsigned char    GetDispCode(unsigned char a)
{
    unsigned char code *Dispcode;
    unsigned char t;
    Dispcode= Dispcode;
    t=*(Dispcode+a);
    return    t;
}
```

指针 Dispcode 指向数组 Dispcode 的首地址，参数 a 作为偏移量，可以得到参数 a 对应的显示码，如图 9.22 所示。

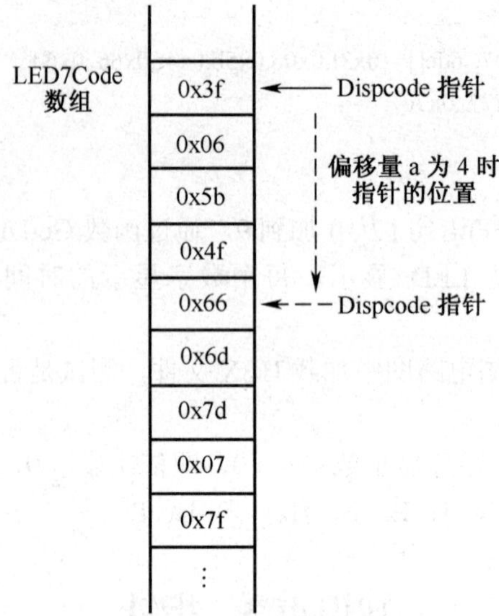

图 9.22　指针的偏移

步骤 2　编写主程序，如下：

```
#include <\atmel\regx51.h>
unsigned char   GetDispCode(unsigned char a);
unsigned char code   LED7Code[]={0x3f,0x06,0x5b,0x4f,0x66 ,0x6d ,
0x7d ,0x07 ,0x7f ,0x6f ,0x77 ,0x7c};
void main()
{
    unsigned char i;
    unsigned int temp;
    while(1)
    {
        for (i=0;i<10;i++)
        {
            P1=GetDispCode(i);
            for(temp=0;temp<30000;temp++);
        }
    }
}
unsigned char   GetDispCode(unsigned char a)
{
    unsigned char code *Dispcode;
    unsigned char t;
    Dispcode=LED7Code;
    t=*(Dispcode+a);
    return   t;
}
```

步骤 3　在图 9.20 所示的电路图中运行该程序，观察结果。

知识点 4　位的处理

在嵌入式控制等领域，经常需要控制某一个二进制位，方法有以下两种：

（1）用“读－修改－写”方法实现对单个位的位操作。

ANSI C 中，一般采用“读－修改－写”的方法实现单个位的位操作，通过与 0“与”操作，将某一位清零。如使 i 变量的 b0 位为 0，实现方法为 i=i & 0xfe。通过与 1“或”操作，将某一位置 1。如使 i 变量的 b0 位为 1，实现方法为 i=i | 0x01。通过与 1“异或”操作，将某一位取反。如使 i 变量的 b0 位取反，实现方法为 i=i∧0x01。

注意　采用“读－修改－写”方法时不要影响其他位，即某位清零时，其他位与 1“与”；某位置 1 时，其他位与 0“或”；取反时，其他位与 0“异或”。

为了进一步封装，简化程序操作，可以定义宏实现位的操作：

```
#define Get_bit(x,y) (((x)&(1<<(y)))==0?0:1)          //获取变量 x 的第 y 位值
#define Set_bit(x,y) ((x)|=(1<<(y)))                   //变量 x 的第 y 位设置为 1
#define Clr_bit(x,y) ((x)&=(~(1<<(y)))                 //变量 x 的第 y 位设置为 0
#define Cpl_bit(x,y) ((x)^=(1<<(y)))                   //变量 x 的第 y 位取反
#define Setx_bit(x,y,z) ((x)=(x)&(~1<<(y))|((z)<<(y)))  //变量 x 的第 y 位设置为 z
```

（2）通过位域的方法实现位操作。

标准 C 提供了一种基于结构体的数据结构——位域（BitField），位域就是把一个存储单元中的二进制数划分为几个不同的区域，并说明每个区域的位数。每一个域有一个域名，允许在程序中按域名进行操作，位域的定义格式如下：

```
struct 位域结构名
{
   位域列表
};
```

位域列表格式为：

类型说明符 位域名:位域长度

例如：

```
struct k
{
    unsigned int a:1;
    unsigned int :2;
    unsigned int b:3;
    unsigned int :0;      //空域
}k1;
```

说明：①各位依次从低位到高位排列，排满一个存储单元，按地址接着排下一单元；②位域可以无域名，但不能被引用，如第二域，这时其只用来填充或调整位置；③位域列表的第四行称为空域，目的是将目前存储单元的剩余部分分为一个域，且填充 0。

位域的引用很简单，如：

```
k1.a=1;          //置 k1 的 b0 位为 1
k1.b=7;          //将 k1 的 b3～b5 位置为 111
```

通过位域定义位变量是实现单个位位操作的重要途径和方法，采用位域定义位变量，产生的代码紧凑、高效。定义的方法如下：

```
typedef struct INT8_bit_struct
{
    unsigned bit0:1;
    unsigned bit1:1;
    unsigned bit2:1;
    unsigned bit3:1;
    unsigned bit4:1;
    unsigned bit5:1;
    unsigned bit6:1;
    unsigned bit6:1;
}bit_field;
```

这样将需要进行位操作的变量定义为位域结构，即可进行软件布尔机。

例如将 0x25 单元的第 3 位置 1 与清零的操作如下：

```
#define _PORTB 0x25
#define LED   (*(volatile bit_field *)(_PORTB)).bit2
main()
{
    LED=0;      //将_PORTB 的第 2 位清零
    LED=1;      //将_PORTB 的第 2 位置 1
}
```

【案例 9-7】采用“读－修改－写”位控制与位域控制应用。

- 教学环境：Keil uVision2 编程 IDE 平台、Proteus 仿真平台，仿真电路图如图 9.10 所示。
- 项目任务：采用“读－修改－写”位控制方法设置 D1 和 D2 亮，并闪烁。
- 操作训练：

步骤 1　设计 C 语言程序如下：

```
#include <\atmel\regx51.h>
#define Get_bit(x,y) (((x)&(1<<(y)))==0?0:1)                //获取变量 x 的第 y 位值
#define Set_bit(x,y) ((x)|=(1<<(y)))                        //变量 x 的第 y 位设置为 1
#define Clr_bit(x,y) ((x)&=(~(1<<(y))))                     //变量 x 的第 y 位设置为 0
#define Cpl_bit(x,y) ((x)^=(1<<(y)))                        //变量 x 的第 y 位取反
#define Setx_bit(x,y,z) ((x)=(x)&(~1<<(y))|((z)<<(y)))      //变量 x 的第 y 位设置为 z

main()
{

    unsigned int t;
    Set_bit(P1,0);
    Clr_bit(P1,1);
    while(1)
```

```
    {
        for(t=0;t<30000;t++);
        Cpl_bit(P1,0);
        Cpl_bit(P1,1);
    }
}
```

步骤 2　加载 HEX 文件到图 9.10 所示的电路图中，验证程序的执行结果。

● 技能检验：

在图 9.20 所示的电路图中，用案例 9-7 的方法在七段 LED 上显示一个字母“P”。

知识点 5　中断函数

中断服务函数是编写单片机应用程序不可缺少的。中断服务函数只有在中断源请求响应中断时才会被执行，这在处理突发事件和实时控制时是十分有效的。例如，电路中有一个按键，要求按键后 LED 点亮，这个按键何时会被按下是不可预知的，为了要捕获这个按键的事件，通常会有 3 种方法：一是用循环语句不断地对按键进行查询；二是用定时中断在间隔时间内扫描按键；三是用外部中断服务函数对按键进行捕获。在这个应用中只有单一的按键功能，那么第一种方式就可以胜任了，程序也很简单，但是它会不停地对按键进行查询，浪费了 CPU 的时间。实际应用中一般都会还有其他的功能要求同时实现，这时可以根据需要选用第二或第三种方式，第三种方式占用的 CPU 时间最少，只有在有按键事件发生时中断服务函数才会被执行，其余的时间则执行其他的任务。

C51 语言扩展了函数的定义，使它可以直接编写中断服务函数，扩展的关键字是 interrupt，它是函数定义时的一个选项，只要在一个函数定义后面加上这个选项，那么这个函数就变成了中断服务函数。定义中断服务函数时可以用如下形式：

函数类型 函数名 (形式参数) Interrupt n [using n]

interrupt 关键字是不可缺少的，由它告诉编译器该函数是中断服务函数，并由后面的 n 指明所使用的中断号。n 的取值范围为 0～31，但具体的中断号要取决于芯片的型号，像 AT89C51 实际上就使用 0～4 号中断。每个中断号都对应一个中断向量，具体地址为 8n+3，中断源响应后处理器会跳转到中断向量所处的地址执行程序，编译器会在这地址上产生一个无条件跳转语句，转到中断服务函数所在的地址执行程序。表 9.3 所示是 51 类型芯片的中断向量和中断号。

表 9.3　51 类型芯片的中断向量和中断号

中断号	中断源	中断向量
0	外部中断 0	0003H
1	定时器/计数器 0	000BH
2	外部中断 1	0013H
3	定时器/计数器 1	001BH
4	串行口	0023H

使用中断服务函数时应注意，中断函数不能直接调用中断函数；不能通过形参传递参

数；在中断函数中调用其他函数，两者所使用的寄存器组应相同。

【案例 9-8】外部中断的应用。

- 教学环境：Keil uVision2 编程 IDE 平台、Proteus 仿真平台，仿真电路图如图 9.23 所示。
- 项目任务：每按下 K1 按键，D1 和 D2 亮一段时间后灭掉。
- 操作训练：

步骤 1　在 Proteus 下设计电路图，如图 9.23 所示。

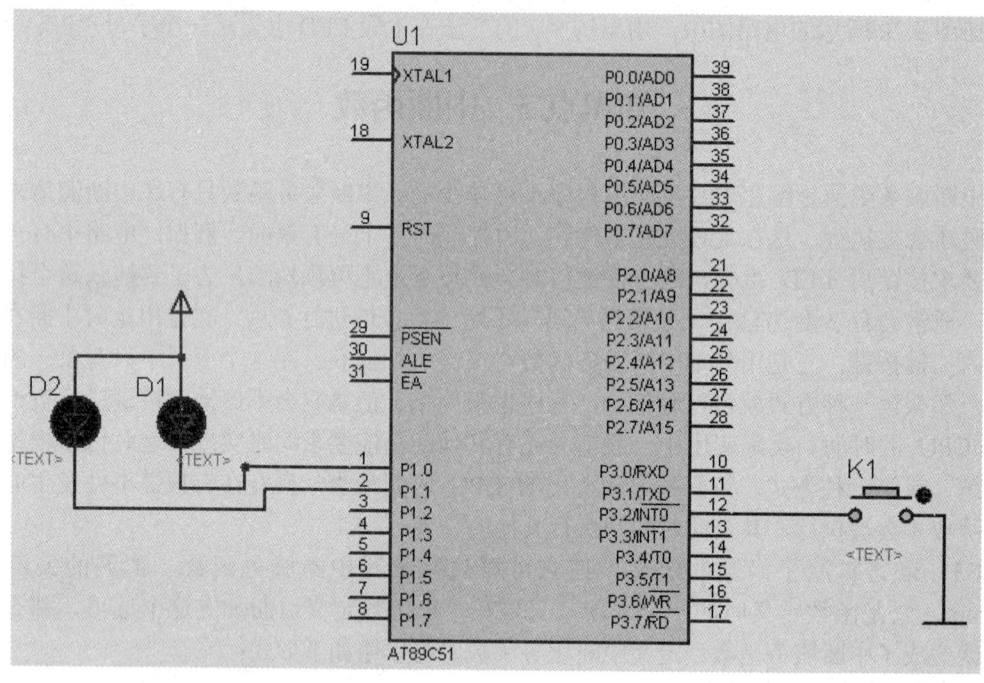

图 9.23　案例 9-8 的中断应用电路图

图中 K1 的元件名为 Button，接到 P3.2 引脚上，外部中断请求 0 就是通过 P3.2 输入的。

步骤 2　编写 C 语言程序，如下：

```
#include <\atmel\regx51.h>
#define Get_bit(x,y) (((x)&(1<<(y)))==0?0:1)          //获取变量 x 的第 y 位值
#define Set_bit(x,y) ((x)|=(1<<(y)))                  //变量 x 的第 y 位设置为 1
#define Clr_bit(x,y) ((x)&=(~(1<<(y))))               //变量 x 的第 y 位设置为 0
#define Cpl_bit(x,y) ((x)^=(1<<(y)))                  //变量 x 的第 y 位取反
#define Setx_bit(x,y,z) ((x)=(x)&(~1<<(y))|((z)<<(y)))  //变量 x 的第 y 位设置为 z

void main()
{
    Set_bit(P3,2);              //设置 P3.2 为输入引脚
    IT0 = 0;                    //设外部中断 0 为低电平触发
    EX0 = 1;                    //允许响应外部中断 0
    EA = 1;                     //总中断开关
```

```
    while(1);
}

void Int0(void) interrupt 0
{
    unsigned int Temp;                    //定义局部变量
    Clr_bit(P1,0);                        //D1 亮
    Clr_bit(P1,1);                        //D2 亮
    for (Temp=0; Temp<50; Temp++);        //延时
    Set_bit(P1,0);                        //D1 灭
    Set_bit(P1,1);                        //D2 灭
}
```

在主函数 main 中，设置好系统的初始状态后等待中断，所有的控制都是在中断服务函数中完成。当用户按下 K1 时，发出中断请求，执行中断服务函数，中断服务函数执行完成后又返回主函数，如图 9.24 所示。

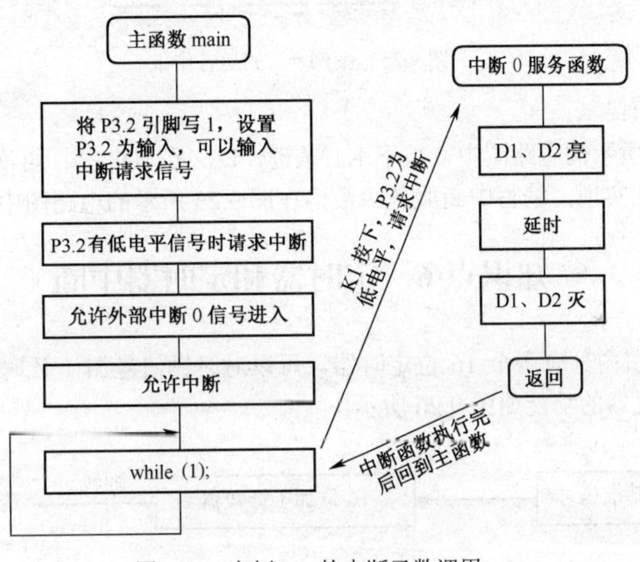

图 9.24　案例 9-8 的中断函数调用

如果引脚作为输入要先写“1”，这样输入的信号才正确；51 系列 CPU 的位单元 EA 为中断的控制位，EA=0 时所有的中断功能禁止，EA=1 时中断功能允许；EX0 位单元是 P3.2 外部中断 0 的控制位，EX0=0 时禁止外部中断 0，EX0=1 时允许外部中断 0；IT0 位单元是外部中断 0 的类型控制位，IT0=0 是低电平触发，IT0=1 是上升沿触发。

主函数是一个死循环：while(1)，主函数中没有任何与控制有关的语句，所有的功能都由中断服务函数完成。

当按下 K1 时，P3.2 为低电平，触发中断，中断服务函数被调用，在中断服务函数中实现 D1 和 D2 的亮与灭的控制。中断服务函数执行完后又回到主函数。

步骤 3　编译该程序，将 HEX 文件加载到 CPU 中，执行；用鼠标单击 K1，闭合 K1 观察 D1 和 D2 的动作。运行结果如图 9.25 所示。

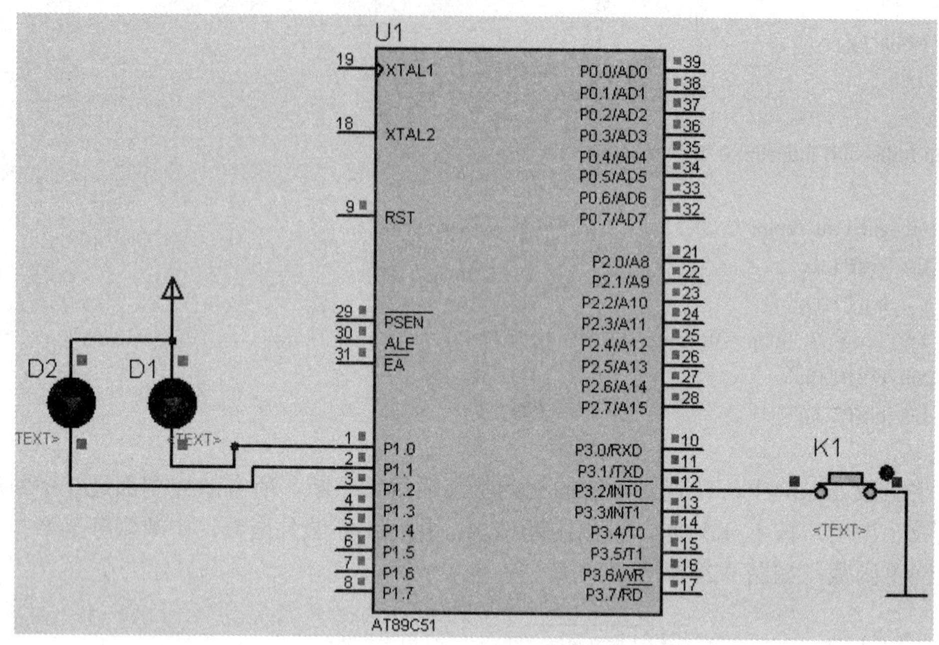

图 9.25 案例 9-8 的运行结果

- 技能检验：

在如图 9.23 所示的电路图中，按下 K1 按键，D1 灭、D2 亮；再次按下时，D1 亮、D2 灭。采用中断方法实现，编写中断服务函数，在图 9.23 所示的电路图中验证该函数。

知识点 6 定时器和定时器中断

51 系列单片机内部有两个 16 位定时器，可以对时钟信号加 1 计时，计时器满后就会自动请求中断。定时器的功能如图 9.26 所示。

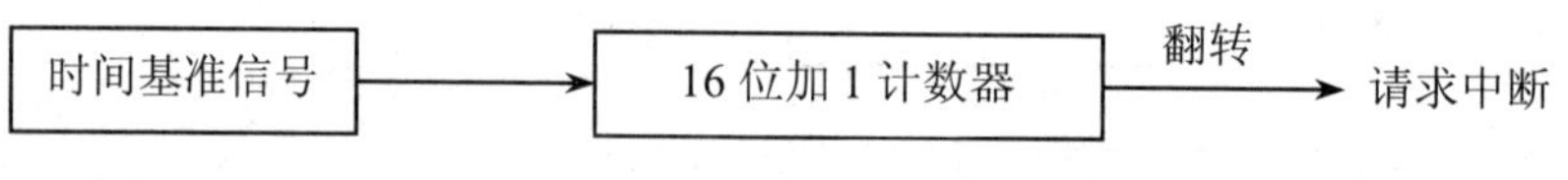

图 9.26 定时器工作的简单原理

例如，16 位计数器设定初始值为 0xfff0，则来 16 个时间基准信号后计数器值加到 0x0000（0xffff 加 1 的值为 0x10000，因 16 位计数器只能保留 16 位二进制数，所以保留的是 0x0000），这一过程称为翻转。假定时间基准信号的周期为 1μs，则定时器从开始定时到翻转时间为 16μs，也就是定时器开始定时到请求中断时间间隔为 16μs。

【案例 9-9】定时器的应用。

- 教学环境：Keil uVision2 编程 IDE 平台、Proteus 仿真平台，仿真电路图如图 9.10 所示。
- 项目任务：程序执行后，发光二极管 D1 和 D2 闪烁的流程为：亮 1 秒→灭 1 秒闪烁。
- 操作训练：

步骤 1　编写定时器中断服务函数和主函数，如下：

```
#include <\atmel\regx51.h>
#define Get_bit(x,y) (((x)&(1<<(y)))==0?0:1)                 //获取变量 x 的第 y 位值
#define Set_bit(x,y) ((x)|=(1<<(y)))                         //变量 x 的第 y 位设置为 1
#define Clr_bit(x,y) ((x)&=(~(1<<(y))))                      //变量 x 的第 y 位设置为 0
#define Cpl_bit(x,y) ((x)^=(1<<(y)))                         //变量 x 的第 y 位取反
#define Setx_bit(x,y,z) ((x)=(x)&(~1<<(y))|((z)<<(y)))       //变量 x 的第 y 位设置为 z

#define RELOADVALH 0x3C;            //设置 50ms 定时的初始值
#define RELOADVALL 0xB0;

bit flag=0;                         //1 秒时间到标志
unsigned char tick_count=0;         //每 50ms 加 1

void main()
{
    Set_bit(P1,0);                  //D1 灭
    Set_bit(P1,1);                  //D2 灭
    TMOD=0x01;                      //定时器工作于方式 1
    TH0=RELOADVALH;                 //50ms 后溢出
     TL0=RELOADVALL;
    TR0=1;                          //开启定时器定时
    ET0=1;                          //允许定时器 0 请求中断
    EA = 1;                         //总中断开关
    while(1)
    {
        if(flag)
        {
            flag=0;
            Cpl_bit(P1,0);
            Cpl_bit(P1,1);
        }
    }
}

 void timer0(void) interrupt 1
{
     TR0=0;                         //停止定时器 0
     TH0=RELOADVALH;                //50ms 后溢出
     TL0=RELOADVALL;
     TR0=1;                         //启动 T0
     tick_count++;                  //时间计数器加 1
    if (tick_count>=20)
    {
        tick_count=0;
        flag=1;
    }
}
```

公共变量 flag 和 tick_count 实现主函数 main 与中断服务函数的信息交流。flag 变量的作用是：flag=1 表示 1 秒时间到（定时器中断了 20 次，每次中断的时间是 50ms）；tick_count 的作用是：每 50ms 定时器请求中断加 1，加 20 次正好 1 秒，设置 flag 标志位。定时器中断函数 void timer0(void) interrupt 1 的流程如图 9.27 所示。

主函数 main()的流程如图 9.28 所示。

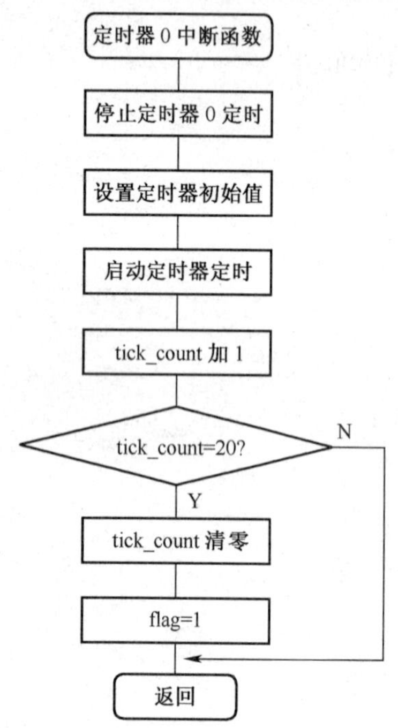

图 9.27　案例 9-9 定时器中断函数流程

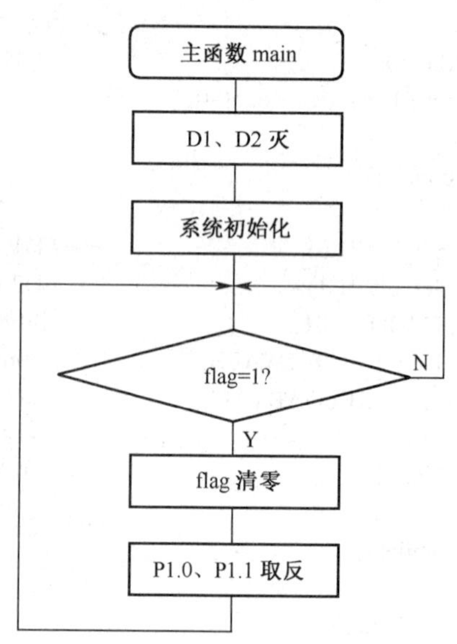

图 9.28　案例 9-9 主函数 main 流程

步骤 2　编译，将 HEX 文件加载到图 9.10 所示的电路图中，观察执行结果。

- 技能检验：

D1 和 D2 亮 2 秒灭 2 秒地频率闪烁，编写 C 语言程序。

知识点 7　LED 输出控制

LED 显示器在控制系统中应用广泛，常用的有共阴极和共阳极两大类，有二进制驱动、BCD 码驱动等多种类型。二进制驱动的 LED 是如图 9.21 所示的七段数码管，每个引脚加载高或低电平驱动对应的段亮，这种数码管需要推算每个数字的显示码；BCD 码驱动的数码管在其驱动的 4 位引脚加载 BCD 码则对应于 BCD 码的数字显示在数码管上，而不需要推算显示码。

当需要显示多位数码管时，常用的算法是动态扫描，这样可以减少硬件的设计成本。动态扫描的思路是依次显示一段时间，利用人的视觉暂留，当扫描的速度足够快时，将看不到在不同的数码管之间的显示切换。例如，6 位的数码管显示 1、2、3、4、5、6 六个数字，如图 9.29 所示。

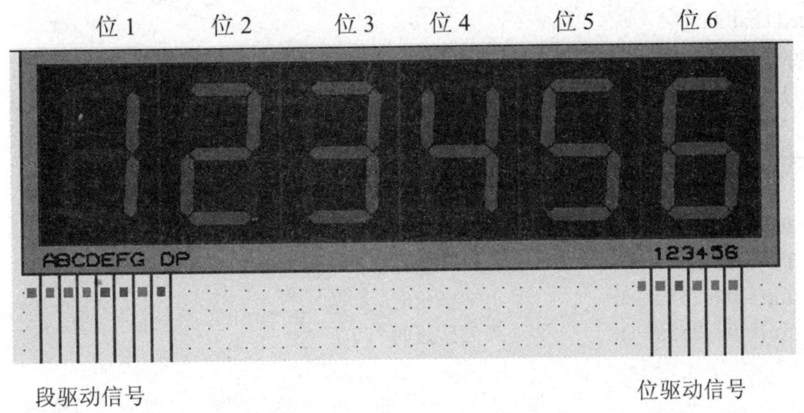

图 9.29　共阴极 6 位数码管

程序的编写思路如图 9.30 所示。

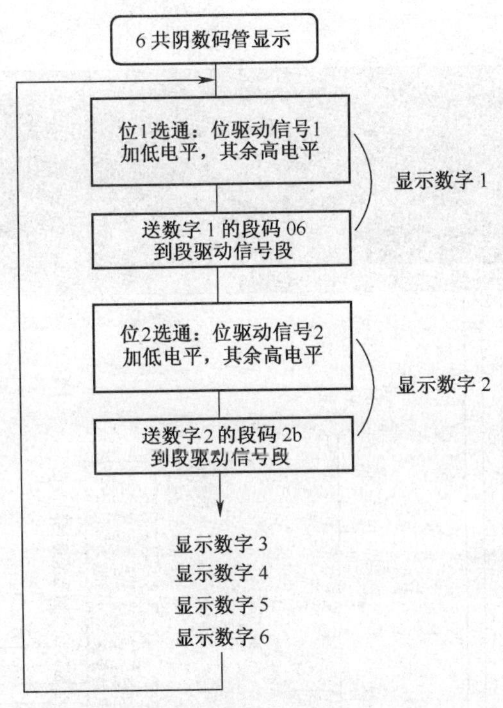

图 9.30　动态扫描显示 123456 流程

C 语言程序如下：

```
#include <\atmel\regx51.h>
unsigned char code   LED7Code[]={0x3f,0x06,0x5b,0x4f,0x66 ,
                         0x6d ,0x7d ,0x07 ,0x7f ,0x6f ,0x77 ,0x7c};    //共阴极段码
unsigned char code   SCode[]={0xfe,0xfd,0xfb,0xf7,0xef,0xdf};
//共阴 6 位数码管位选通扫描数据
void main()
{
```

```
    unsigned char i,t;
    unsigned char DispDi[]={1,2,3,4,5,6};        //6 位显示的内容
    while(1)
    {
        for (i=0;i<6;i++)
        {
            P1=LED7Code[DispDi[i]];              //获取段码
            P2=SCode[i];                         //驱动位
            for(t=0;t<255;t++);                  //延时
            for(t=0;t<255;t++);                  //延时
        }
    }
}
```

【案例 9-10】数字时钟。

- 教学环境：Keil uVision2 编程 IDE 平台、Proteus 仿真平台，仿真电路图如图 9.31 所示。

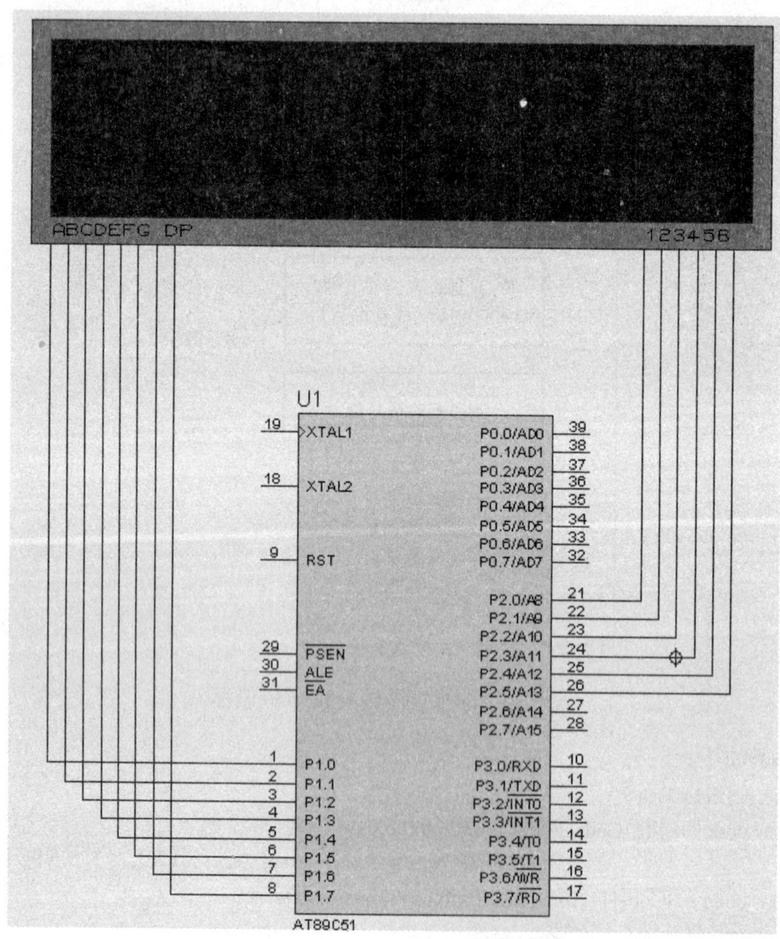

图 9.31　案例 9-10 的电路图

- 项目任务：程序执行后，从 1:59:58 开始计时，显示时分秒。

- 操作训练：

步骤 1　在 Proteus 下设计仿真电路，如图 9.31 所示。6 位数码管的元件名为 7SEG-MPX6-CC。

电路图中，P1 驱动段信号，P2 驱动位信号。

步骤 2　编写功能函数。

（1）显示函数。

功能：将 DispDi[]数组中的 6 个数字送 6 位数码管显示。

```
unsigned char code   LED7Code[]={0x3f,0x06,0x5b,0x4f,0x66 ,0x6d ,
                                 0x7d ,0x07 ,0x7f ,0x6f ,0x77 ,0x7c};    //共阴极段码
unsigned char code   SCode[]={0xfe,0xfd,0xfb,0xf7,0xef,0xdf};
//共阴 6 位数码管位选通扫描数据
void Disp(unsigned char DispDi[])
{
    unsigned char i,t;
    DispDi[1]+=0x80;    //显示小数点
    DispDi[3]+=0x80;    //显示小数点
    for (i=0;i<6;i++)
    {
        P1=LED7Code[DispDi[i]];    //获取段码
        if(i==1) P1=LED7Code[DispDi[i]]+0x80;    //2 位显示小数
        if(i==3) P1=LED7Code[DispDi[i]]+0x80;    //4 位显示小数
        P2=SCode[i];            //驱动位
        for(t=0;t<255;t++);     //延时
        for(t=0;t<255;t++);     //延时
    }
}
```

（2）时间进位函数。

功能：将共享变量 Hour、Minute、Second 的时、分、秒加 1。

```
void Addtime()
{
    Second++;
    if(Second>=60)
    {
        Second=0;
        Minute++;
        if(Minute>=60)
        {
            Minute=0;
            Hour++;
        }
    }
}
```

步骤 3　生成显示数据到数组 DispDi 中。

该函数的功能是取出 Hour、Minute、Second 的十位、个位到数组 DispDi 中，如图 9.32 所示。

DispDi[0]	Hours 十位
DispDi[1]	Hours 个位
DispDi[2]	Minute 十位
DispDi[3]	Minute 个位
DispDi[4]	Second 十位
DispDi[5]	Second 个位

图 9.32　生成显示数据到数组 DispDi 中

代码如下：

```
void GetDispDi(unsigned char DispDi[])
{
    DispDi[0]=Hour / 10;
    DispDi[1]=Hour % 10;
    DispDi[2]=Minute / 10;
    DispDi[3]=Minute % 10;
    DispDi[4]=Second / 10;
    DispDi[5]=Second % 10;
}
```

步骤 4　定时器 0 中断服务函数。

中断服务函数的功能是每 1 秒调用一次 Addtime 函数，函数如下：

```
#define RELOADVALH 0x3C;        //设置 50ms 定时的初始值
#define RELOADVALL 0xB0;
unsigned char tick_count=0;     //每 50ms 加 1
void timer0(void) interrupt 1
{
     TR0=0;                     //停止定时器 0
     TH0=RELOADVALH;            //50ms 后溢出
     TL0=RELOADVALL;
     TR0=1;                     //启动 T0
     tick_count++;              //时间计数器加 1
     if (tick_count>=20)
     {
         tick_count=0;
         Addtime();
     }
}
```

步骤 5　定义主函数 main，主函数的功能是生成显示码，然后送显示器显示。代码如下：

```
void main()
{
    unsigned char DispDi[6];    //6 位显示的内容
    TMOD=0x01;                  //定时器工作于方式 1
    TH0=RELOADVALH;             // 50ms 后溢出
    TL0=RELOADVALL;
```

```
    TR0=1;                      //开启定时器定时
    ET0=1;                      //允许定时器 0 请求中断
    EA = 1;                     //总中断开关

    while(1)
    {
        //Addtime();
        GetDispDi(DispDi);
        Disp(DispDi);
    }
}
```

步骤 6　加载 HEX 文件到图 9.31 所示的电路图中，运行，观察结果。图 9.33 所示是运行经过 4 秒后的结果。

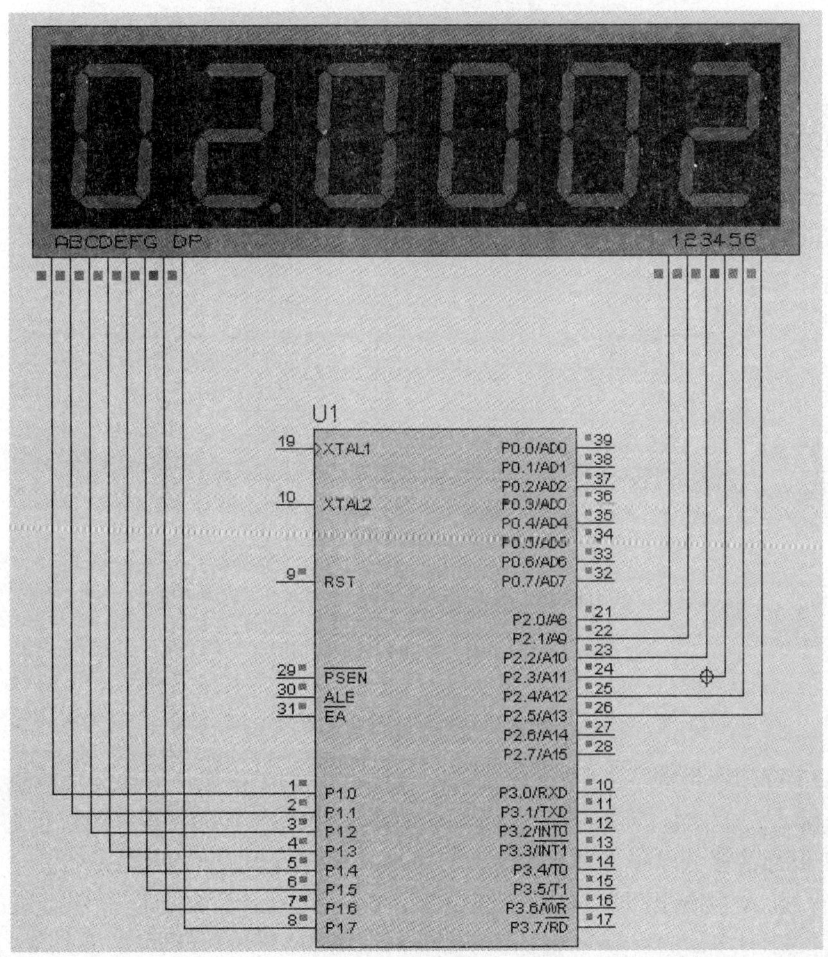

图 9.33　案例 9-10 运行经过 4 秒后的结果

- 技能检验：

设计显示年（2 位）、月（2 位）、日（2 位）功能，P2.7 接 K1 按键，当按下 K1 按键时显示年、月、日 5 秒钟，然后回到时、分、秒显示状态。

知识点8 矩阵键盘输入控制

常用的矩阵键盘输入方法是采用扫描识别法，图 9.34 所示是一个最常用的矩阵键盘。

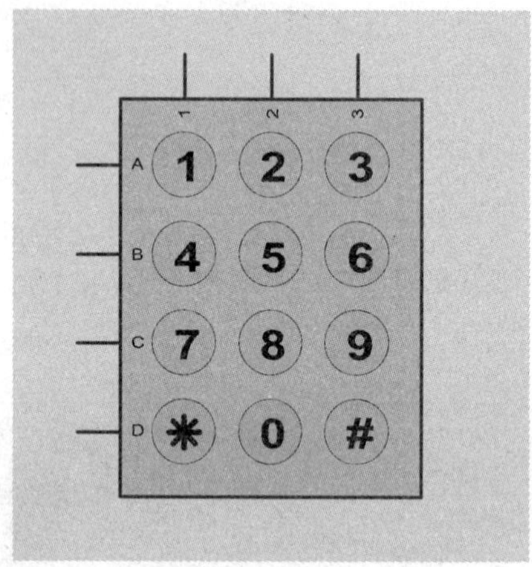

图 9.34 矩阵式键盘

该键盘的结构如图 9.35 所示。

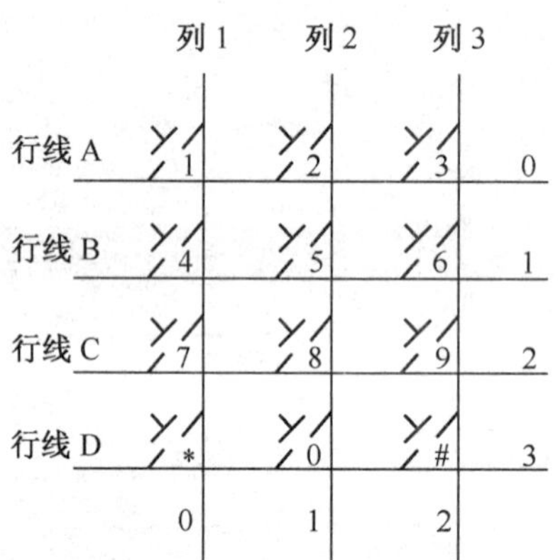

图 9.35 矩阵式键盘的结构

由图 9.35 可知，当数字“1”键闭合时，行线 A 和列 1 接通，其他键功能也是一样。

以按下键“5”为例，当按下键“5”时，行线 B 和列 2 接通，识别的过程如下：

（1）4 根行线接低电平，只有列 2 为低电平，这样就识别闭合键在列 2。

（2）行线 A 接低电平，其余为高电平，读取列 2，如果为低电平，则闭合键在行线 A。

重复（2）的方法在行线 B、行线 C、行线 D 上。只有当行线 B 为低电平时列 2 输出为低电平，这样可以判断闭合键在行线 B。

（3）结合（1）和（2）即可定位按键的位置。

【案例 9-11】识别矩阵键盘的按键，并在数码管上显示键编号和对应的功能名。

- 教学环境：Keil uVision2 编程 IDE 平台、Proteus 仿真平台，仿真电路图如图 9.36 所示。
- 项目任务：程序执行后，按下按键在 6 位数码管的高 2 位显示键号，最后一位显示键的功能。键编号=行号×3+列号，例如键“0”的编号=3×3+1=10。
- 操作训练：

步骤 1　设计电路图，如图 9.36 所示。

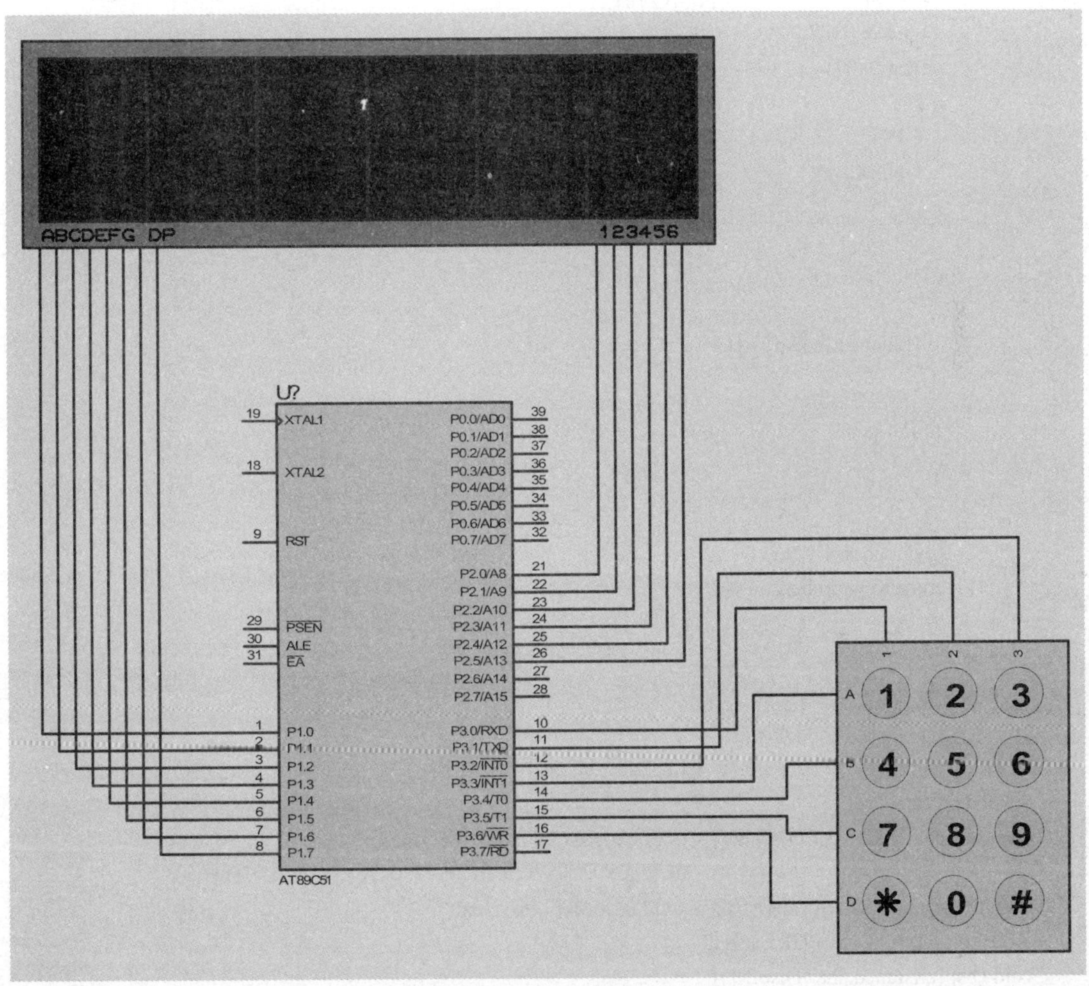

图 9.36　案例 9-11 的电路图

矩阵键盘的元件名为 KEYPAD-PHONE。

P3.0～P3.2 分别接列 1～列 3，P3.3～P3.6 分别接行线 A～行线 D。

步骤 2　编写按键识别函数 GetKey。

```
unsigned char GetKey()
{
    unsigned char LineArr1[]={0x77,0x6f,0x5f,0x3f},t,i,Line,v,L,
                              Keynumber,LineArr2[]={0x06,0x05,0x03};    //定义行识别时扫描码
    P3=0x07;                    //P3.2～P3.0 为输入，P3.6～P3.3 输出 0
```

```
    Line=P3;                        //读取列值
    Line=Line & 0x07;               //屏蔽高 5 位
    if(Line!=0x07)
    {
        for(i=0;i<4;i++)
        {
            P3=LineArr1[i];
            t=P3;                   //读取列值
            t=t && 0x07;            //屏蔽高 5 位
            if(t!=0x07)
            {
              L=i;
              break;
            }
        }
        for(i=0;i<3;i++)
        {
          if (Line==LineArr2[i])
          {
            L=i;
            break;
          }
        }
         Keynumber=L*3+v;
         return Keynumber;
    }
    else
    return 13;
}
```

步骤 3　将案例 9-10 的显示相关函数加到本案例中。

```
#include <\atmel\regx51.h>
unsigned char code   LED7Code[]={0x3f,0x06,0x5b,0x4f,0x66 ,0x6d ,
                                 0x7d ,0x07 ,0x7f ,0x6f ,0x77 ,0x7c};    //共阴极段码
unsigned char code   SCode[]={0xfe,0xfd,0xfb,0xf7,0xef,0xdf};
//共阴 6 位数码管位选通扫描数据
void Disp(unsigned char DispDi[])
{
    unsigned char i,t;
    for (i=0;i<6;i++)
    {
        P1=LED7Code[DispDi[i]];                    //获取段码
        if(i==1) P1=LED7Code[DispDi[i]]+0x80;      //2 位显示小数
        if(i==3) P1=LED7Code[DispDi[i]]+0x80;      //4 位显示小数
        P2=SCode[i];                               //驱动位
        for(t=0;t<255;t++);                        //延时
        for(t=0;t<255;t++);                        //延时
```

```
    }
}

void main()
{
    unsigned char t,DispDi[6];       //6 位显示的内容
    while(1)
    {
        t=GetKey();
        if(t!=13)
        {
          DispDi[1]=t /10;
          DispDi[2]=t % 10;
        }
        Disp(DispDi);
    }
}
```

步骤 4　加载 HEX 文件到电路图中，运行，记录运行结果。

- 技能检验：

完成图 9.37 所示键盘的键号扫描。

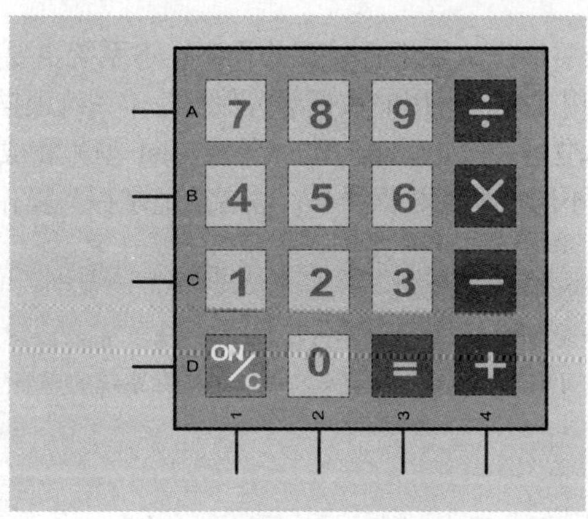

图 9.37　键盘

第 10 章　综合应用实训

C 语言是一种功能强大、应用面广的语言。它不仅可以实现其他高级语言所能实现的功能，还可以编制系统软件，尤其是可以直接进行系统功能调用，以实现对机器硬件的操作。

由于对硬件操作，需要涉及许多计算机原理知识，这会对 C 程序员提出更高的要求。为了简单起见，本章仅以一个简单的学生成绩管理系统为例，来介绍一下有关 C 语言的应用问题。

需要声明的是，本章并不过分强调管理系统功能的完备性，因为这一问题应由其他的相关课程来解决；本章只想部分介绍与管理系统有关的问题、在 C 语言中如何实现，以及在解决问题的过程中所应注意的技术上的问题。希望通过这个实例，可以提高同学们解决实际问题的能力。另外要说明的一点是，本系统是在 Turbo C 下实现的，如果用在 Visual C++ 6.0 系统中，程序需要做一些微小的改动。

知识点 1　数据结构的设计

学生成绩管理系统是对学生成绩进行处理的程序。本系统主要包括添加、查询、插入、删除和显示等功能，并利用文件把有用的数据永久保存。本系统根据实际需要并作简化处理，只涉及学生的学号（long 型）、姓名（char 型）、年龄（int 型）和成绩（总分，float 型）4 个方面的属性。通过这 4 种不同类型的数据操作，读者应能掌握其操作方法，并在实际问题中自行扩展。

本系统的数据结构定义如下：

```
#define maxsize 100      /*本系统最多能处理 100 位学生的数据，如有必要，
                           可更改 maxsize 的定义，以满足实际系统的需要*/
#include "string.h"
#include "ctype.h"
#include "stdio.h"

typedef struct
  {
    long   num;
    char   name[15];
    int    age;
    float score;
  }Record;                 /*为了以后使用的方便，定义该结构体类型名*/
 Record   st[maxsize];     /*用该数组来存放数据库文件中的数据记录，将其定义为
                             外部的类型是确保程序运行期间各模块都能访问，从而避
                             免过于频繁地访问外存，提高系统效率*/
 int len=0;                /*用来描述 st 数组中的记录数*/
```

知识点 2　总控模块的设计

当问题很大、非常复杂时，是很难一下子解决所有问题的。这时，需要对问题进行分解，按照逻辑功能的相对独立性，将复杂的问题分解为多个相对简单的小问题来加以解决，解决每个小问题所对应的程序段被称为一个功能模块。由于每个模块，在功能上相对简单，因而解决起来也较容易些。当把所有的模块都解决了，实际上也就解决了最初的原始问题。当然，对于每个功能模块本身而言，它可能依然很复杂，这时仍可以对它继续进行分解，将它分解成更小的功能子模块来加以解决。注意，当问题很复杂时，这往往是一种非常有效的解决问题的方法！

学生成绩管理系统应当是一个较为复杂的问题。由前面的叙述已经知道，该系统包括添加、查询、插入、删除和显示功能，实际上，为了解决数据的长久保存问题，本系统还引入了文件的保存和打开功能。由于有这么多模块，为了很好地调用与管理它们，本系统必须设定一个总控模块。本系统是用 main 函数来担当此任的。

main 函数的代码如下：

```
main()
{
  int n;
  for(;;)            /*菜单操作需要多次反复操作*/
  {
    clrscr();      /*清屏函数，使菜单输出清晰*/
    gotoxy(30,4); printf("     ----menu----\n");      /*显示菜单*/
    gotoxy(24,6); printf("******************************");
    gotoxy(28,8); printf("1.open          2.append    ");
    gotoxy(28,10);printf("3.delete        4.insert    ");
    gotoxy(28,12);printf("5.find          6.output    ");
    gotoxy(28,14);printf("7.save          0.quit      ");
    gotoxy(26,17);printf("     Please select[0,7].");
    scanf("%d",&n);

    while(n<0||n>7)
    {
      printf("\n          Input error!      Selected field is 0 to 7 !");
      gotoxy(20,20);
      printf("Please select again !\n");
      scanf("%d",&n);
    }
    /*检验输入是否合法，否则不予继续往下执行，是程序健壮性的一种表现*/
    switch(n)
    {
      case 1:open_file();break;
      case 2:append();break;
      case 3:delete();break;
      case 4:insert();break;
      case 5:find();break;
      case 6:output();break;
```

```
            case 7:save_file();break;
            case 0:quit();                    /*退出系统*/
        }       /*菜单功能的实现方法*/
    }
}
```

在本模块中，用到了 gotoxy(x,y)函数，要求 x 与 y 均为整型，其作用是将光标（打印头）定位在窗口的第 y 行第 x 列。通过它的控制，可以把需要输出的数据输出在窗口的指定位置，以达到很好的输出效果。本模块运行后的结果如图 10.1 所示。

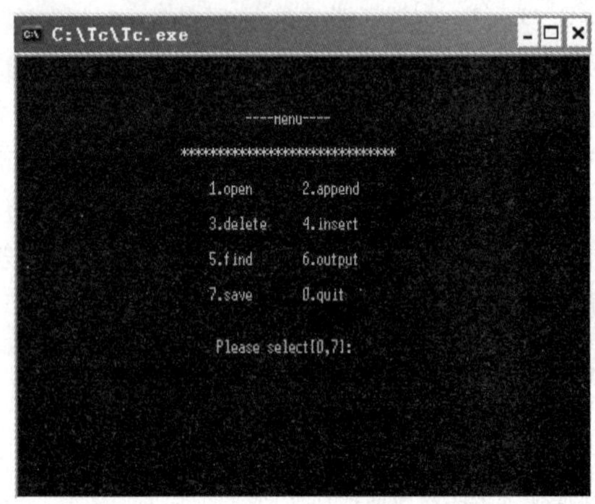

图 10.1　总控模块运行结果图

本例程给出了一个实现总控模块的常用方法。但是要运行该模块，还不行，因为还缺少必要的函数定义。当然，想一口气正确定义出这些函数，可不是件简单的事情，幸好 C 语言允许用户定义空函数。利用这一点，在 main 函数之前的位置定义出 switch 语句中所用到的所有空函数，则总控模块将能够运行了。这一点，就像是在盖大楼，先把框架搭好，让一座楼房耸立在你的眼前，至于每个房间，则以后有时间一间一间地去建吧！当然，运行时其中的各个函数的功能是不能实现的，要想实现这些功能，还需要继续学习下面的内容。

知识点 3　文件的打开与保存模块的设计

3.1　文件打开模块

文件的打开操作实际上是把外存中指定文件的内容读入到内存的过程，也就是把以前保存在文件里的学生的相关数据读入到内存的过程。这一过程的实现显然需要 fopen 函数，但是 fopen 函数并不能自动地将文件里的内容读入到内存，所以还要借助其他手段才能完成这一任务。

```
/*-------------------------------------------------------*/
/*模块之间，用上面的一行加以分隔，使结构更加清晰*/
open_file()
{
    FILE *fp;
```

```
    clrscr();
    gotoxy(25,10);
    if((fp=fopen("c:\\student.rec","rb"))==NULL)
    {
      printf("Cannot open the file!");
      printf("Perhaps this file is not exist !");
      getchar();          /*使用此函数，并不是想通过它来输入什么字符，而是希望
                            程序执行到此位置，停下来，以让用户看到上一句的输出内容*/
      return;             /*返回主菜单，而非程序结束*/
    }
    len=0;                /*当文件正常打开时，执行到此句，用它来记录读入到内存中的
                            学生记录数*/
    while(1)
    {
       if(!fread(st+len,sizeof(st[0]),1,fp))   break;    /*数据内容读完时结束循环*/
       len++;
    }
    fclose(fp);
    printf("The file has been opened!");
    getchar();
  }
```

该模块应当在确保 C 盘根目录下有 student.rec 文件后，才能执行。如果没有该文件而又执行该模块，系统当然会报错，其运行结果如图 10.2 所示。

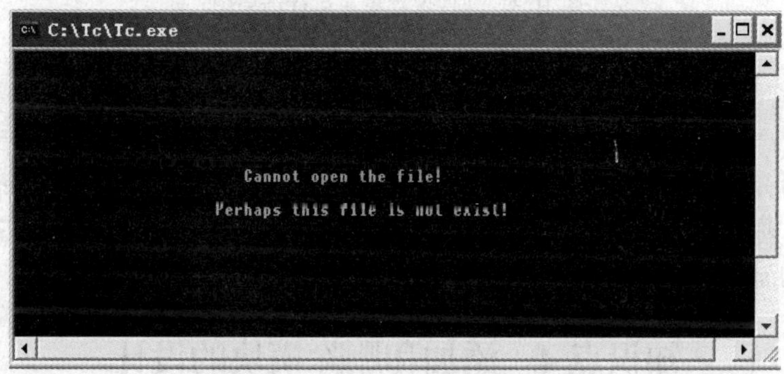

图 10.2　文件打开模块运行结果图

3.2　文件保存模块

内存里的大量数据如果不及时保存，很容易丢失。下次运行时，还需要重新输入，尤其是数据量很大时。这样的没有意义的重复性工作是非常让人苦恼的！所以，本系统设有文件保存模块，以解决数据长久保存的问题。以此形成的数据文件，通常称为数据库文件。

```
/*--------------------------------------------------------*/
  save_file()
  {
    FILE *fp;
    int n=0;
```

```
    if((fp=fopen("c:\\student.rec","wb"))==NULL)
    {
        printf("\nCannot create this file!");
        exit(0);
    }

    for(;n<len;n++)
       fwrite(st+n,sizeof(st[0]),1,fp);

    fclose(fp);
    clrscr();
    gotoxy(25,10);
    printf("The file has been saved!");
    getchar();
  }
```

该模块正常运行的结果如图 10.3 所示。

图 10.3 文件保存模块运行结果图

注意

程序运行结束前，一定要及时保存，否则有可能导致数据丢失！

本知识点所介绍的文件的打开与保存操作，均是对 C 盘根目录下的 student.rec 文件来进行的。实际上，你完全可以自己定义一个一维的字符数组来接受你所输入的文件名，并以此来替代程序中的 student.rec 文件，以解决文件名过于死板的问题。

知识点 4　添加和删除模块的设计

4.1　添加模块

添加模块是系统中非常重要的一个模块，它可以在已有数据的基础上进行追加操作，也可以是在空表的基础上添加新记录。

```
/*----------------------------------------------------------*/
    append()
    {
       float x;
       char ch;
       if(len>=maxsize)        /*判断数组中的内容是否满*/
       {
```

```
        printf("     Sorry ! The    array    is full !\n");
        printf("     Can\'t append !!\n");
    }
    else                    /*仅当数组不满时才做下列操作*/
    {
        printf("\n\nAppend a record! Are you sure (y/n)?");
        ch=getchar();
        while(ch=='y'||ch=='Y')
        {
            clrscr(); gotoxy(10,8);
            printf("Please input NO. :"); scanf("%ld",&st[len].num);
            printf("\n                name :");scanf("%s", st[len].name);
            printf("\n                 age :"); scanf("%d", &st[len].age);
            printf("\n                score:"); scanf("%f",&x);
            st[len].score=x;      /*借助 x，实现 float 型结构体成员的读值*/
            len++;                /*每添加一条新记录，都应当让 len 加 1*/
            printf("\n\nContinue ?(y/n)");
            ch=getchar();
        }
  output(len);
  /*及时输出，验证添加操作是否正确，当然也可以通过主菜单来实现*/
    }
}
```

该模块正常运行的结果如图 10.4 所示。

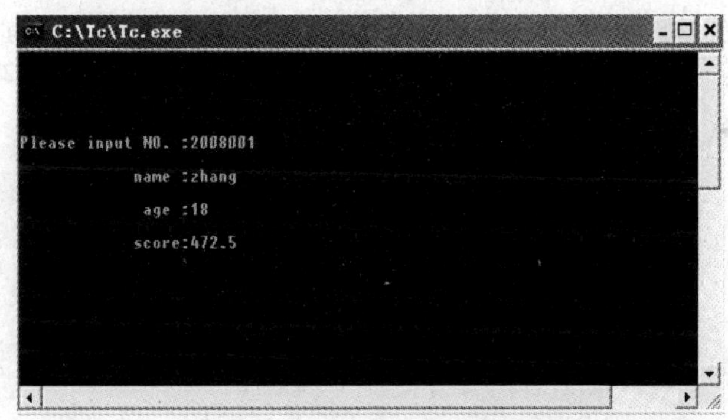

图 10.4　文件添加模块运行结果图

本模块能实现多次反复添加记录的操作，但每添加完一条记录，并不急于将其保存到文件中，而是在程序将要退出时再进行保存，这样可以减少访问磁盘的次数，进而提高系统运行效率。当然，如果你更看重数据的安全性，则完全可以做到及时保存。

4.2　删除模块

需要则添加，不需要当然要从中删除。删除模块就是对系统中不再需要的数据进行删除操作的。在进行删除时，通常会有不同的条件，仅当条件符合时才能真正地进行删除。本模块提供了两种删除标准：一种是根据学号删除，这种删除具有唯一性，不会产生负面影响，但是去记忆要删除人的学号倒是件让人头痛的事；另一种是按名删除，这种方式方便实用，但有可能误删或错删，如果库中没有同名的情况出现，则可以放心地去使用这种方式。当然，你明白了这些问题的所在，并下决心去探索更好的解决方法，那是再好不过的事了！

删除之前，库文件输出的内容如图 10.5 所示。

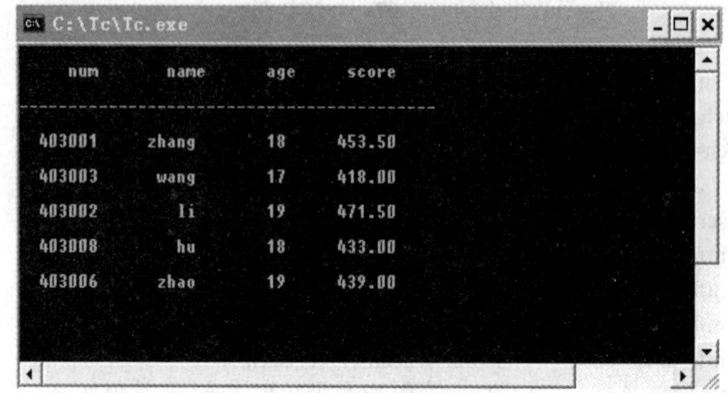

图 10.5 库文件的内容

本模块的代码如下：

```
/*----------------------------------------------------------*/
  search()
  {
    Record x;
    int i,n;
    clrscr();
    printf("\n\n\n                ----delete----\n");
    printf("\n              1. Number   \n");           /*按学号查找，选 1*/
    printf("\n              2. Name     \n");           /*按姓名查找，选 2*/
    printf("\n              0. Return     \n");
    printf("\n\n\n    Please select :");

    scanf("%d",&n);
    while(n<0||n>2) scanf("%d",&n);
    if(n==0) return   -1;
    if(n==1)                    /*该语句用来查找删除记录*/
    {
      clrscr();
      gotoxy(5,8);
      printf("Please input a number for delete:");
      scanf("%ld",&x.num);
      for(i=0;i<len;i++)                /*按学号查找*/
          if(x.num==st[i].num) break;
    }
    else
    {
      clrscr();
      gotoxy(5,8);
      printf("Please input a name for search:");
      scanf("%s",x.name);
      for(i=0;i<len;i++)              /*按姓名查找*/
```

```
            if(!(strcmp(st[i].name , x.name))) break;
    }
    return    i;
}

delete( )
{
    int i;
    clrscr();
    i=search();
    if(i==-1) return;
    if(i<len)                               /*找到要删除的记录，并将其删除*/
    {
        for(;i+1<len;i++)
        st[i]=st[i+1];
        len--;                              /*删除完一条记录后，应当将 len 变量的值减 1*/
        output(len);
    }
    else
    {
        printf("\nNot found !");            /*没有发现要删除的记录，给出相关信息*/
        getchar();
    }
}
```

删除操作分两步进行：先查找到要删除的记录，然后再进行删除操作。需要强调的是，删除一条记录，并不是直接删除其对应的数组元素，数组元素是无法删除的！要实现删除一条记录的操作，对本例而言，需要进行数组元素的移动操作。比方说，一个名为 W 的一维数组，含有 N 条记录，现在想删除掉第 i（1≤i≤N）条记录，则需要从第 i+1 条记录开始，将之后的每一条记录都往前移动一个元素位置，这样便将第 i 条记录删除了。

启动删除模块后，将会见到如图 10.6 所示的窗口。

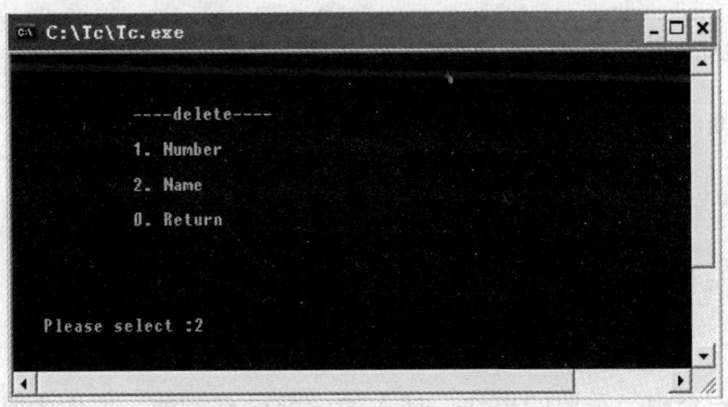

图 10.6　删除模块运行界面

在图 10.6 中输入 2，选择按姓名删除，然后再输入要删除的姓名“hu”并回车后，则可见到如图 10.7 所示的输出。

由此可以看出，“hu”这个人已经被删除了。

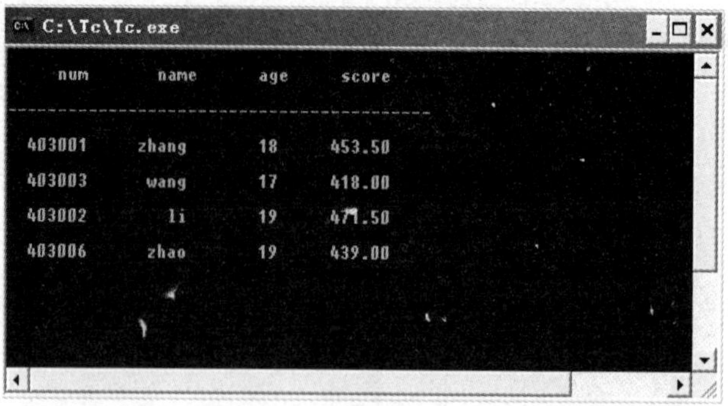

```
C:\Tc\Tc.exe
   num        name      age     score
-------------------------------------------
403001       zhang      18      453.50
403003        wang      17      418.00
403002          li      19      471.50
403006        zhao      19      439.00
```

图 10.7　删除模块运行结果

知识点 5　查询和插入模块的设计

5.1　查询模块

在各种实用系统中，经常需要进行信息查询操作。本系统的查询模块，首先借助 search 函数去查找对象，在找到的前提下，再把与之相关的信息输出出来。

```
/*--------------------------------------------------------*/
find()
{
    int   i;
    clrscr();
    i=search();
    if(i==-1) return;
    if(i<len)
    {
        gotoxy(10,5);
        printf("Found ! The man\'s data is :\n\n");
        printf("\n       num          name        age       score     \n");
        printf("\n-----------------------------------------      \n");
        printf("\n%8ld%10s%9d%11.2f\n",st[i].num,st[i].name,st[i].age,st[i].score);
    }
    else {gotoxy(20,15);printf(" Not found !");}
    gotoxy(30,20);
    printf(" Press any key to continue !\n");
    getchar();
}
```

5.2　插入模块

插入模块也是一个相当重要的模块。插入的标准也有多种，本例中是根据位置来进行插入操作的。在进行插入操作之前，需要先判断数组中是否还有空的空间，仅当有空的空间时才可以进行插入操作。和删除操作类似，在数组中插入一个记录，也需要对数组中的部分元素进行移动操作，所不同的是，它们的移动方向相反，这里是向后移，以给新元素留出存储空间。

插入操作前，系统运行如图 10.8 所示。

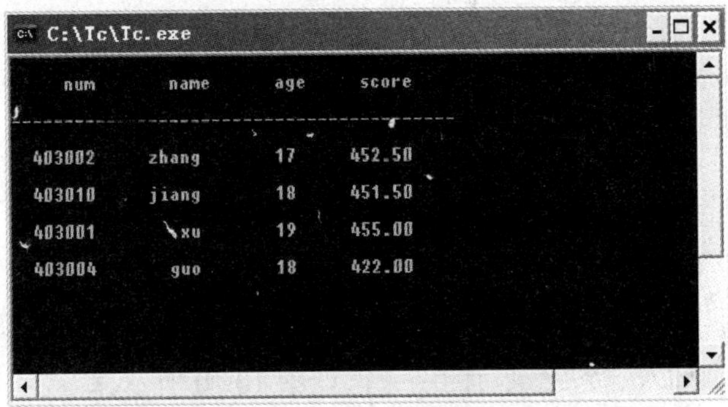

图 10.8　插入模块运行结果

插入模块代码如下：

```
/*------------------------------------------------------*/
insert()
{
  Record s;
  float x;
  char ch;
  int   n;
  if(len>=maxsize)               /*判断数组空间是否已满*/
  {
    printf("       Table is full !\n");
    printf("       Can\'t insert !      Sorry !!\n");
    getchar();
  }
  else
  {
    printf("\n\nInsert a record ! Are you sure (y/n)?");   /*确认是否插入*/
    ch=getchar();
    while(ch=='y'||ch=='Y')
    {
      printf("\n\n              insert      position:");scanf("%d",&n);
      if(n>len+1||n<1)    printf("Position is error !\n");
      else
      {
        int j;
        clrscr();
        printf("Please input NO. :")    ;scanf("%ld",&s.num);
        printf("\n                        name :");scanf("%s", s.name);
        printf("\n                          age :");scanf("%d", &s.age);
        printf("\n                        score:");scanf("%f",&x);
        s.score=x;    /*输入新记录的内容*/
        /* INSERT BEGIN*/
        for(j=len-1;j>=n-1;j--)    /*移动数组元素*/
        st[j+1]=st[j];
```

```
            st[j+1]=s;              /*插入一条新记录*/
            len++;                  /*及时更改 len 的值*/
        }
        printf("\n\nContinue ?(y/n)");
        ch=getchar();
    }
    output(len);
  }
}
```

插入模块启动后，输入插入位置 3，并在图 10.9 所示的窗口中输入数据。在该界面下，输入 n 后回车，则显示插入一条记录后的结果，如图 10.10 所示。

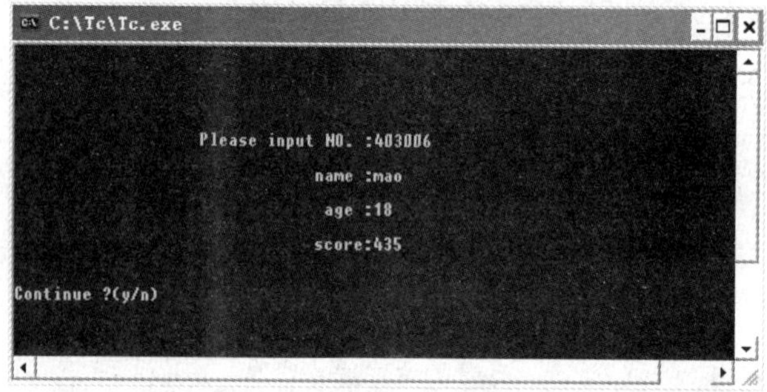

图 10.9　插入模块运行时的界面

C:\Tc\Tc.exe

num	name	age	score
403002	zhang	17	452.50
403010	jiang	18	451.50
403006	mao	18	435.00
403001	xu	19	455.00
403004	guo	18	422.00

图 10.10　插入模块运行后的结果

知识点 6　输出和退出模块的设计

6.1　输出模块

由前面的介绍可以看出，上面的几个模块操作结束后，往往都要调用输出模块，以验证模块功能的正确性。所以，输出模块应当是一个实际系统中的基础性模块。输出通常分为两种情况：一种是输出到显示器，另一种是输出到打印机。本系统只考虑输出到显示器的情况，如果实用系统需要输出到打印机，则只需改动代码中的 printf 函数即可。受篇幅所限，本系统不予考虑。

```
/*----------------------------------------------------------*/
output()
{
   int i;
   clrscr();
   if(len!=0)
   {
      printf("\n        num            name          age        score     \n");
      printf("\n------------------------------------------------------------ \n");
      for(i=0;i<len;i++)
          printf("\n%8ld%10s%9d%11.2f\n",st[i].num,st[i].name,st[i].age,st[i].score);
   }
   else
   {
       gotoxy(25,10);
       printf("The file is empty!");
   }
   getchar();
}
```

6.2 退出模块

总控模块实际上是一个死循环程序，这就要求其他模块中要有退出功能。为此，本系统设置了退出模块。它除了提供最核心的退出功能以外，还考虑到粗心用户容易忘记保存文件的习惯，给出相关的提示，仅当确实不需要保存时，系统才不执行保存操作；否则，系统都会自动为你保存。当然，如果在前面的菜单中已经完成了文件保存，那么这里可以不予考虑。但是，任何时候，多注意数据的安全性都不算是过分的考虑。

```
/*----------------------------------------------------------*/
   quit()
   {
      char ch;
      clrscr();
      gotoxy(20,8);
      printf("Do you want to save these datas (y/n) ?");
      ch=getch();
      if(ch=='n' ||ch=='N') ;
      else    save_file();
         gotoxy(20,10);
      printf("Thank your use !       Welcome use again !");
      getchar();
      exit();                    /*退出本系统*/
   }
```

本章的源代码可以不加修改地获得运行。由于在系统的实现过程中，只考虑到 C 语言课程教学中常见的解决问题的方法，这必然会导致系统相关性能的下降。另外，本系统的数据结构简单，实现的功能也比较少。如果你已经理解并发现了这些问题，而且有兴趣到其他课程里去探寻更好的解决方案，那么你离成功就更近了一步！

参考文献

[1] 谭浩强．C 程序设计（第三版）．北京：清华大学出版社，2005．

[2] 谭浩强．C 程序设计题解与上机指导（第三版）．北京：清华大学出版社，2005．

[3] 赵建领，薛园园．零基础学单片机 C 语言程序设计．北京：机械工业出版社，2009．

[4] （美）Brian W.Kernighan，Dennis M.Ritchie．C 程序设计语言（第 2 版·新版）．徐宝文译．北京：机械工业出版社，2004．

[5] （美）Clovis L.Tondo，Scott E.Gimpel．C 程序设计语言（第 2 版·新版）习题解答．杨涛译．北京：机械工业出版社，2004．

[6] （美）K.N.King．C 语言程序设计现代方法．吕秀锋译．北京：人民邮电出版社，2007．

[7] 马忠梅，籍顺心，张凯，马岩．单片机的 C 语言应用程序设计（第 4 版）．北京：北京航空航天大学出版社，2008．

[8] 戴佳，戴卫恒，刘博文．51 单片机 C 语言应用程序设计实例精讲（第 2 版）．北京：电子工业出版社，2008．

[9] 汪同庆，张华，杨先娣．C 语言程序设计教程．北京：机械工业出版社，2007．